创新职业教育系列教材

简单机电设备装配与维修

何　霞　主编

中国林业出版社

图书在版编目(CIP)数据

简单机电设备装配与维修 / 何霞主编 . —北京 ：中国林业出版社，2015. 11
（创新职业教育系列教材）
ISBN 978 – 7 – 5038 – 8212 – 8

Ⅰ. ①简…　Ⅱ. ①何…　Ⅲ. ①机床 – 电气设备 – 设备安装 – 技术培训 – 教材②机床 – 电气设备 – 维修 – 技术培训 – 教材　Ⅳ. ①TG502. 34

中国版本图书馆 CIP 数据核字(2015)第 254431 号

出版：中国林业出版社(100009　北京西城区德胜门内大街刘海胡同 7 号)
E-mail：Lucky70021@ sina. com　**电话：**010 – 83143520
发行：中国林业出版社总发行
印刷：北京中科印刷有限公司
印次：2015 年 12 月第 1 版第 1 次
开本：787mm × 1092mm　1/16
印张：11. 5
字数：220 千字
定价：22. 00 元

《简单机电设备装配与维修》
作者名单

主　　编　何　霞

参　　编　焦双强　刘立露　王　瑜　黄　景

序　言

“以就业为导向，以能力为本位”是当今职业教育的办学宗旨。如何让学生学得好、好就业、就好业，首先在课程设计上，就要以社会需要为导向，有所创新。中职教程应当理论精简、并通俗易懂易学，图文对照生动、典型案例真实，突出实用性、技能性，着重锻炼学生的动手能力，实现教学与就业岗位无缝对接。这样一个基于工作过程的学习领域课程，是从具体的工作领域转化而来，是一个理论与实践一体化的综合性学习。通过一个学习领域的学习，学生可完成某一职业的典型工作任务（有用职业行动领域描述），处理典型的“问题情境”；通过若干“工作即学习，学习亦工作”特点的系统化学习领域的学习，学生不仅仅可以获得某一职业的职业资格，更重要的是学以致用。

近年来，几位职业教育界泰斗从德国引进的基于工作过程的学习领域课程，又把我们的中职学校的课程建设向前推动了一大步；我们又借助两年来的国家示范校建设契机，有选择地把我们中职学校近年来对基于工作过程学习领域课程的探索进行了系统总结，出版了这套有代表性的校本教材——创新职业教育系列教材。

本套教材，除了上述的特点外，还呈现了以下特点：一是以工作任务来确定学习内容，即将每个职业或专业具有代表性的、综合性的工作任务经过整理、提炼，形成课程的学习任务——典型工作任务，它包括了工作各种要素、方法、知识、技能、素养；二是通过工作过程来完成学习，学生在结构完整的工作过程中，通过对它的学习获取职业工作所需的知识、技能、经验、职业素养。

这套系列教材，倾注了编写者的心血。两年来，在已有的丰富教学实践积累的基础之上不断研发，在教学实践中，教学效果得到了显著提升。

课程建设是常说常新的话题，只有把握好办学宗旨理念，不断地大胆创新，把所实践的教学经验、就业后岗位工作状况不断地总结归纳，必将会不断地创新出更优质的学以致用的好教材，真正地为“大众创业、万众创新”做好基础的教学工作。

沈士军

2015 年岁末

前　言

现代化设备荟萃现代科学技术，机电一体化、高速化、微电子化等特点，一方面使设备更容易操作，另一方面却使得设备的诊断和维修比较困难。而且设备一旦发生故障，尤其是连续化生产设备，往往会导致整套设备停机，从而造成一定的经济损失。如果危及到安全和环境，还会造成严重的社会后果。为了保证设备正常运行和安全生产，对设备实行有计划的预防性修理，是工业企业设备管理工作的重要组成部分。

现在职业教育虽然注重学生动手能力的培养，但机电设备安装与维护能力的培养还有待提高。其原因主要是一方面学生基础普遍薄弱，新知识接受慢，而机电设备装配与维修涉及的知识面广，另一方面学校很难提供大量的机电设备供学生实训操作，丰富学生的操作经验。那么学校要想开好这门课，有效提高学生的实践操作能力，就必须整合学校现有资源。

本书作为校本教材，充分考虑学校的教学资源与学生能力等因素，把内容分为四个部分：台虎钳的拆卸与安装、台钻的拆装、汽车发动机的拆卸、安装与调试、THMDZT-1 型机械装调技术综合实训装置安装与调试。按低、中、高的难度排序，完全基于工作过程的模式展开教学，以情境教学来启迪；以案例分析来导入；以任务驱动来引领；以项目实施来破解；以分析评估来反馈；以岗位目标来衡量，全面培养学生的综合职业能力。

本书由我校何霞、焦双强、刘立露、王瑜四位教师主编，中国浙江天煌教仪技术人员参予协作完成。

其中情景一由焦双强编写，情景二由王瑜编写，情景三由何霞编写，情景四由刘立露编写，中国浙江天煌教仪技术人员在编写过程中一直参与指导、审查工作。本教材在编写过程中，得到了许多校内外专家、学者及工程师的帮助，其中南京合智信息技术有限公司的黄景博士为本教材的编写给予了很大帮助。另外机电数控教研室的老师也提出了许多宝贵的意见和建议，在此深表感谢。

针对职业教育课程改革的新课题，需要不断地研究探索才能得到近一步的更新和完善。由于编者水平有限，本书错误和疏漏之处在所难免，恳请读者批评指正。

编　者

目录
CONTENTS

学习情景一　台虎钳的拆卸与安装

情景引入

一个机电产品往往由成千上万个零件组成，任何一个零部件损坏都有可能影响这个设备安全平稳地运行。要保证设备的正常运行，加强维护保养和针对性修理、改善性修理尤为重要。

学习目标

1. 掌握零部件的拆装操作方法。
2. 巩固手工绘图能力。
3. 培养安全生产和协作意识。
4. 养成自觉清洁清理工作环境的习惯。

学习内容

任务一　台虎钳的拆卸。

任务二　台虎钳常用零部件的维修。

任务三　台虎钳的安装与调试。

学习任务一　台虎钳的拆卸

工作任务卡见表1-1-1。

表1-1-1　工作任务卡

工作任务	台虎钳的拆卸
任务描述	

续表

工作任务	台虎钳的拆卸
任务描述	台虎钳为钳工必备工具，也是钳工名称的由来。因为钳工的大部分工作都是在台钳上完成的，比如锯、锉、錾以及零件的装配和拆卸。在机械设备拆装时，一些小零部件经常要进行修理加工，有了台虎钳并配有适当的夹具装夹，给维修工作带来很大的方便。本任务以台虎钳拆卸为例，初步了解机构的联接方式、传动原理、设备保养等
任务要求	1. 掌握零部件的拆卸方法 2. 培养安全生产和协作意识 3. 养成自觉清理工作环境的习惯
备注	

一、相关知识点收集

引导问题：在工作任务之前，应了解哪些必备知识？填入表 1-1-2。

表 1-1-2　知识点收集表

序号	知识点	内容	资料来源	收集人

二、分组讨论

引导问题：

(1)台虎钳由哪几部分组成？简单描述各个部分的作用。

____

____。

(2)想想在钳工实习时，台虎钳损坏有哪些情况？

____

____。

(3)拆装台虎钳需要哪些工具？

____

____。

三、制订工作计划

引导问题：为了在短时间获得更多的学习资源以及资源共享，将本次学习任务分为3个部分，各部分由1~2名同学分别掌握，然后大家分享。为此需要按以下步骤进行。

1. 相关学习资源的收集

收集相关学习资料，并填入表1-1-3。

表1-1-3　学习资料收集表

班级：　　　　　　　　　　　　　　　组别：

序号	知识点	内容	资料来源	收集人
1	台虎钳组成部分及作用			
2	台虎钳损坏情况			
3	需要的拆装工具			

2. 现场学习与分享

结合台虎钳为本组同学讲解，填入表1-1-4。

表1-1-4　现场学习与分享登记表

序号	知识点	讲解人
1	台虎钳组成部分及作用	
2	台虎钳损坏情况	
3	需要的拆装工具	

3. 台虎钳拆卸步骤方案表

台虎钳拆卸步骤方案，填入表1-1-5。

表1-1-5　台虎钳拆卸步骤方案

步骤	拆卸内容	分工	预期成果及检查项目

4. 实训设备、工具

引导问题：这些实训工具、辅料是什么规格？数量各是多少？谁负责领出、保管及归还？并记录在表 1-1-6 中。

表 1-1-6　实训设备、工具使用记录表

序号	名称	型号及规格	数量	责任人
1	台虎钳	150mm	1	
2	活动扳手	250mm	2	
3	毛刷		1	
4	零件盒		1	
5	尖嘴钳		1	
6	黄油	4	1	
7	润滑油	$20^{\#}$	1	
8	内六角扳手	5~8	1	

四、执行工作计划

引导问题：如何实施？实施过程中如何组织与协调？谁负责记录？

1. 台虎钳拆卸准备工作

(1)熟悉拆卸任务。

(2)检查工具完备情况。

2. 台虎钳拆卸步骤

台虎钳拆卸步骤如图 1-1 所示。

1. 台虎钳

2. 旋转手柄使活动钳身向外运动

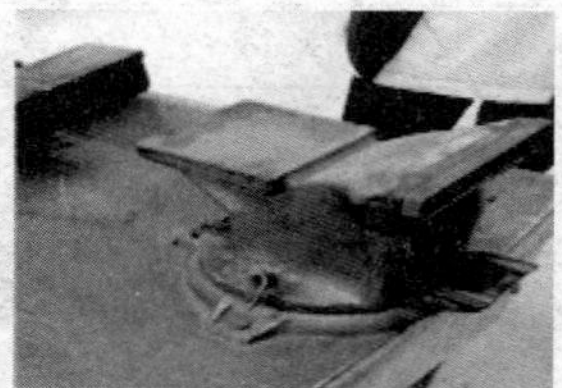

3. 运动到终点拆掉活动钳身

4. 拆卸挡圈和弹簧

5. 拆卸固定栓

6. 把拆卸的固定栓放到指定位置

7. 固定钳身拆除

8. 拆除活动钳口

9. 螺母和钳口放入指定位置

10. 用活动扳手拆卸螺母

11. 螺母放好

12. 拿出零件

13. 拆卸底座

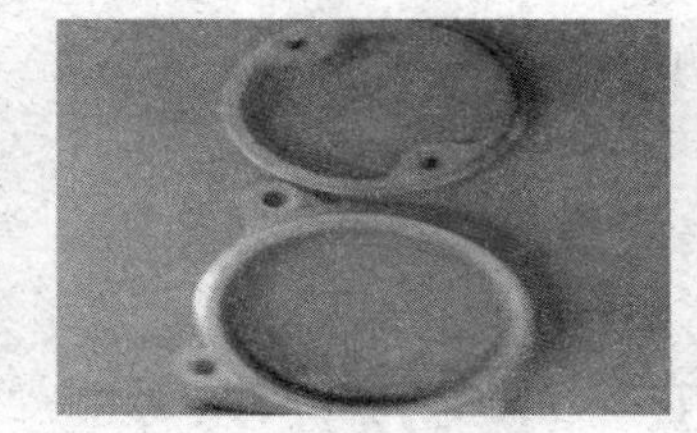

14. 夹紧盘，转盘分离

15. 零件分类归好

图 1-1-1　台虎钳拆卸步骤

五、考核与评价

考评各组完成情况，见表 1-1-7。

表 1-1-7　任务评价记录表

评价项目	评价内容	分值	个人评价	小组评价	教师评价	得分
理论知识	了解台虎钳活动丝杆螺纹的参数 台虎钳正确使用规范	10				
实践操作	拆台虎钳（拆卸顺序正确，零件排列有序）	20				
	清理台虎钳部件（各部件清洗干净，丝杠、螺母涂润滑油，其他螺钉涂防锈油后安装）	20				
	操作协调、积极思考、主动发问	20				

续表

评价项目	评价内容	分值	个人评价	小组评价	教师评价	得分
安全文明	遵守操作规程	5				
	“5S”现场管理（整理、整顿、清扫、清洁、素养）	5				
	职业化素养	5				
学习态度	考勤情况	5				
	遵守纪律	5				
	团队协作	5				
成果分享	不足之处					
	收获之处					
	改进措施					

注：①“个人评价”由小组成员评价。

②“小组评价”由实习指导老师给予评价。

③“教师评价”由任课教师评价。

六、知识拓展

1. 台虎钳概述

台虎钳，又称虎钳。它是用来夹持工件的通用夹具，装置在工作台上，用以夹稳加工工件，为钳工车间必备工具。转盘式的钳体可旋转，使工件旋转到合适的工作位置。它的结构是由钳体、底座、导螺母、丝杠、钳口体等组成。活动钳身通过导轨与固定钳身的导轨作滑动配合。丝杠装在活动钳身上，可以旋转，但不能轴向移动，并与安装在固定钳身内的丝杠螺母配合。当摇动手柄使丝杠旋转，就可以带动活动钳身相对于固定钳身作轴向移动，起夹紧或放松的作用。弹簧借助挡圈和开口销固定在丝杠上，其作用是当放松丝杠时，可使活动钳身及时地退出。在固定钳身和活动钳身上，各装有钢制钳口，并用螺钉固定。钳口的工作面上制有交叉的网纹，使工件夹紧后不易产生滑动。钳口经过热处理淬硬，具有较好的耐磨性。固定钳身装在转座上，并能绕转座轴心线转动；当转到要求的方向时，扳动夹紧手柄使夹紧螺钉旋紧，便可在夹紧盘的作用下把固定钳身固紧。转座上有三个螺栓孔，用以与钳台固定。

2. 台虎钳常见规格

台虎钳常见规格见表1-1-8。

表1-1-8　台虎钳常见规格表

规格	钳口宽度/mm	开口度/mm	夹紧力/N
QT75H	75	75	7.5

续表

规格	钳口宽度/mm	开口度/mm	夹紧力/N
QT100H	100	100	10.0
QT125H	125	125	12.5
QT150H	150	150	15.0
QT200H	200	225	22.5
QT300H	300	300	30.0

3. 台虎钳的结构

台虎钳的结构如图 1-1-2 所示。

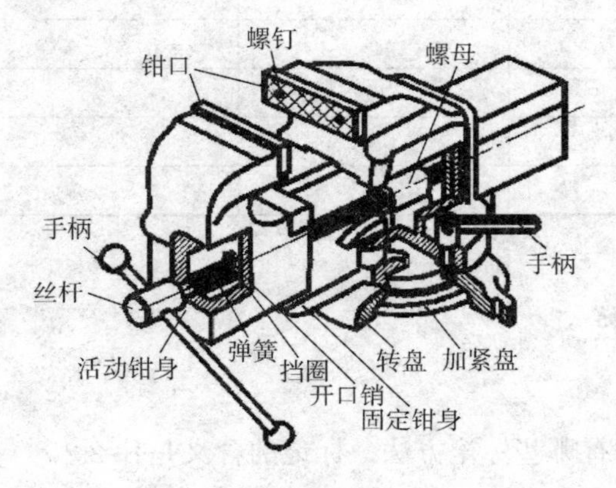

图 1-1-2　台虎钳示意图

学习任务二　台虎钳常用零部件的维修

工作任务卡见表 1-2-1。

表 1-2-1　工作任务卡

工作任务	台虎钳常用零部件的维修
任务描述	台虎钳为钳工必备工具，使用一段时间之后，就会出现部分零件损坏，常表现为钳身摇摆，夹持费力，工件夹持歪斜等情况。机电设备零部件也会出现损坏情况，有一些零部件是标准件容易得到配换，但一些非标准件考虑到成本问题，可能需要自己加工，或者出具图纸找人代加工。更换零部件是安装钳工必须掌握的工作之一
任务要求	1. 掌握螺母加工方法 2. 提高动手能力和协作意识 3. 养成自觉清理工作环境的习惯
备注	

一、相关知识点收集

引导问题：在工作任务之前，应了解哪些必备知识？回顾一下上面任务总结的台虎钳最容易损坏的零件是什么？收集相关知识点，填入表 1-2-2。

表 1-2-2　知识点收集表

序号	知识点	内容	资料来源	收集人

二、分组讨论

引导问题：

(1) 常见螺纹有哪些标记方法，标记的含义是什么？

____

____。

(2) 想想在实习时，螺纹如何加工？

____

____。

(3) 螺纹加工有哪些操作技巧？刀具如何选择？

____

____。

三、制订工作计划

引导问题：为了在短时间获得更多的学习资源以及资源共享，将本次学习任务分为 3 个部分，各部分由 1 ~ 2 名同学分别掌握，然后大家分享，为此需要按以下步骤进行。

1. 相关学习资源的收集

学习资料收集见表 1-2-3。

表 1-2-3　学习资料收集表

班级：　　　　　　　　　　　　　　　　组别：

序号	知识点	内容	资料来源	收集人
1	螺纹标记方法及含义			
2	螺纹加工方法			
3	螺纹加工技巧、刀具选择			

2. 现场学习与分享

结合台虎钳锁紧螺栓、螺母为本组同学讲解，填入表 1-2-4。

表 1-2-4　现场学习与分享登记表

序号	知识点	讲解人
1	螺纹标记方法及含义	
2	螺纹加工方法	
3	螺纹加工技巧、刀具选择	

3. 台虎钳螺栓、螺母加工工序

台虎钳螺栓、螺母加工工序，填入表 1-2-5。

表 1-2-5　台虎钳螺栓、螺母加工工序表

序号	工序内容	分工	预期成果及检查项目
1			
2			
3			

4. 实训设备、工具

引导问题：这些实训工具、辅料是什么规格？数量各是多少？谁负责领出、保管及归还？并记录在表 1-2-6 中。

表 1-2-6　实训设备、工具使用记录表

序号	名称	型号及规格	数量	责任人
1	台虎钳	150mm	1	
2	毛坯棒料	$\phi20\times70$，$\phi8\times20$	各 2 个	
3	毛刷		1	
4	零件盒		1	
5	外圆车刀	90°	1	
6	钻头	$\phi6.8$	1	
7	丝攻板牙	$\phi12$，$\phi8$	各 1	
8	丝锥扳手	$\phi8\sim15$	1	

续表

序号	名称	型号及规格	数量	责任人
9	车床		1	
10	钻床		1	
11	锯弓		1	
12	机油		若干	

四、执行工作计划

引导问题：如何实施？实施过程中如何组织与协调？谁负责记录？

1. 螺栓加工准备工作

(1)熟悉加工任务。

(2)检查工具完备情况。

2. 螺栓加工步骤

(1)通过对比发现，台虎钳最容易损坏的是锁紧螺栓(图1-2-1)。

图1-2-1　台虎钳锁紧螺栓

(2)测量零件尺寸，查表确定螺纹规格参数。

螺母规格参数为：M12 ×1. 75 －5g6g －30。

(3)绘制零件草图确定零件坯料尺寸：绘制螺栓草图，便于加工人员参考，草图要反映零件的真实参数(图1-2-2)。

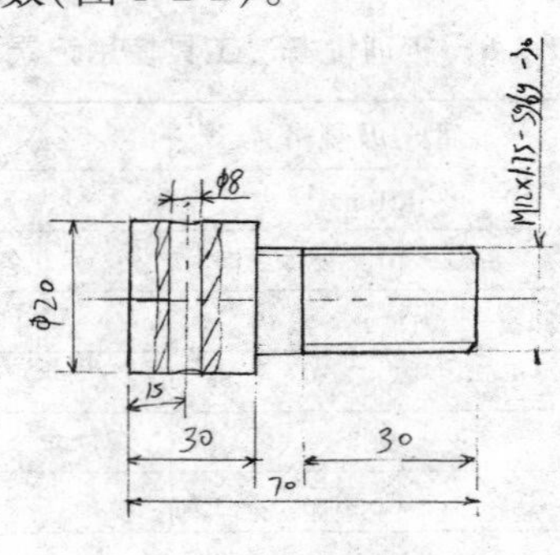

图1-2-2　螺栓草图

(4)车削螺栓：车削时要选择好切削用量，使工件尺寸符合要求，表面光滑(图 1-2-3)。

图 1-2-3　车削后工件

(5)螺纹加工：由于螺纹公称直径太小，螺纹采用套丝和攻丝加工。工件上螺纹底孔的孔口要倒角，通孔螺纹两端都倒角。在攻丝开始时，要尽量把丝锥放正，然后对丝锥加压力并转动绞手，当切入 1 ~ 2 圈时，仔细检查和校正丝锥的位置。一般切入 3 ~ 4 圈螺纹时，丝锥位置应正确无误。以后，只需转动绞手，而不应再对丝锥加压力，否则螺纹牙形将被损坏。攻丝时，每扳转绞手 1/2 ~ 1 圈，就应倒转约 1/2 圈，使切屑碎断后容易排出，并可减少切削刃因粘屑而使丝锥轧住现象。遇到攻不通的螺孔时，要经常退出丝锥，排除孔中的切屑。攻塑性材料的螺孔时，要加润滑冷却液。对于钢料，一般用机油或浓度较大的乳化液，要求较高的可用菜油或二硫化钼等。对于不锈钢，可用 30 号机油或硫化油。攻丝过程中换用后一支丝锥时，要用手先旋入已攻出的螺纹中，至不能再旋进时，然后用绞手扳转。在末锥攻完退出时，也要避免快速转动绞手，最好用手旋出，以保证已攻好的螺纹质量不受影响。

在加工螺纹时两手要用力均衡，起套方法和起攻方法相似。用一只手掌按住绞杠中部，沿圆杆轴线施加压力，并转动板牙绞杠，另一只手配合顺向切进。转动要慢，压力要大。待板牙已旋入切出的螺纹时，就不要再加压力以免拉坏螺纹和板牙。

套丝时应保持板牙的端面与圆杆轴线垂直，否则切出的螺纹牙齿一面深一面浅；螺纹长度较大时，甚至切削阻力太大而不能再继续扳动绞手时，烂牙现象也特别严重。在板牙切入圆杆 2 ~ 3 圈后，再次检查其垂直度误差，如发现歪斜要及时校正。

为了断屑，板牙也要时常倒转一下，以防切屑过长；但与攻丝相比，切屑不易产生堵塞现象。

在钢料上套丝要加润滑冷却液，以提高螺纹光洁度和延长板牙寿命。一般用加浓的乳化液或机油。

螺栓端部加工出螺纹，旋转手柄端部加工螺纹(图 1-2-4)。

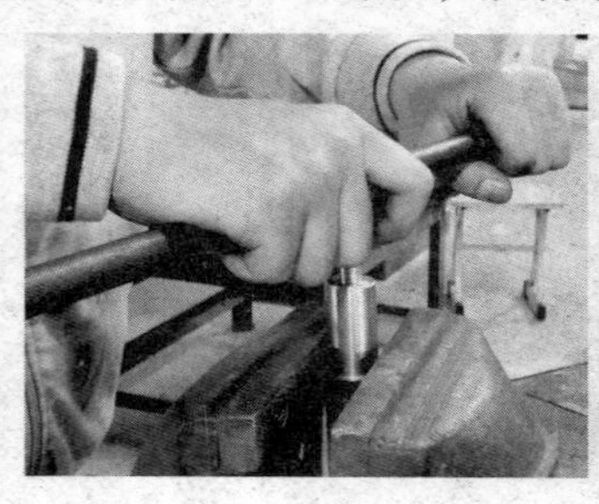

图 1-2-4　螺纹加工

(6)螺栓柄部打孔(图 1-2-5)。

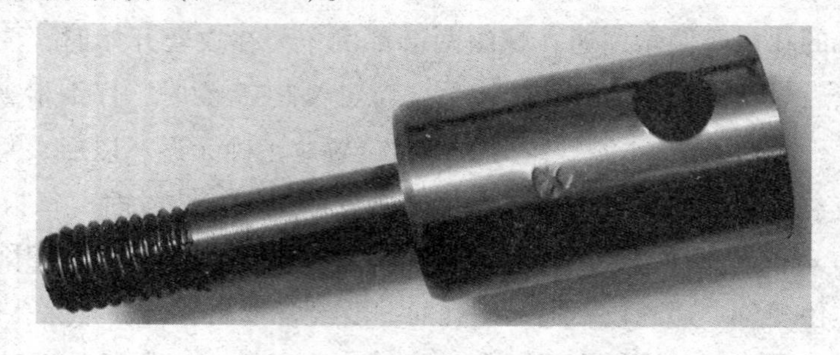

图 1-2-5　螺纹柄部打孔

(7)螺纹旋合检查：螺纹在旋合前，要去除毛刺。如果旋合不良，晃动过大要考虑重新加工(图 1-2-6)。

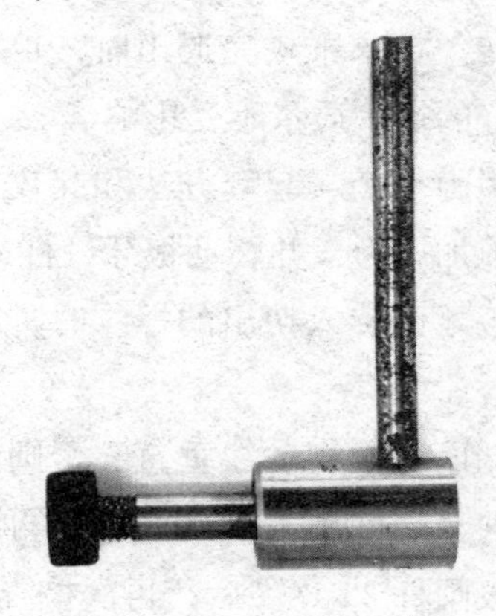

图 1-2-6　螺纹旋合检查

五、考核与评价

考评各组完成情况，见表 1-2-7。

表 1-2-7　任务评价记录表

评价项目	评价内容	分值	个人评价	小组评价	教师评价	得分
理论知识	了解螺纹加工的加工特点	10				
实践操作	机床设备操作符合要求、螺纹加工符合操作规范	20				
	螺纹参数符合要求	20				
	螺栓与螺母旋合良好	20				
安全文明	遵守操作规程	5				
	“5S”现场管理（整理、整顿、清扫、清洁、素养）	5				
	职业化素养	5				
学习态度	考勤情况	5				
	遵守纪律	5				
	团队协作	5				
成果分享	不足之处					
	收获之处					
	改进措施					

注：①“个人评价”由小组成员评价。

②“小组评价”由实习指导老师给予评价。

③“教师评价”由任课教师评价。

六、知识拓展

套螺纹：用板牙在圆杆或管子上切削加工外螺纹的方法称为套螺纹。

1. 套螺纹工具

(1)圆板牙。外形像一个圆螺母，只是在它上面钻有几个排屑孔并形成刀刃(图 1-2-7)。

(2)管螺纹板牙。管螺纹板牙分圆柱管螺纹板牙和圆锥管螺纹板牙(图1-2-8)。

圆柱管螺纹板牙的结构与圆板牙相仿。圆锥管螺纹板牙的基本结构也与圆板牙相仿，只是在单面制成切削锥，只能单面使用。圆锥管螺纹板牙所有刀刃均参加切削，所以切削时很费力。板牙的切削长度影响管螺纹牙形的尺寸，因此套螺纹时要经常检查，不能使切削长度超过太多，只要匹配件旋入后能满足要求就可以了。

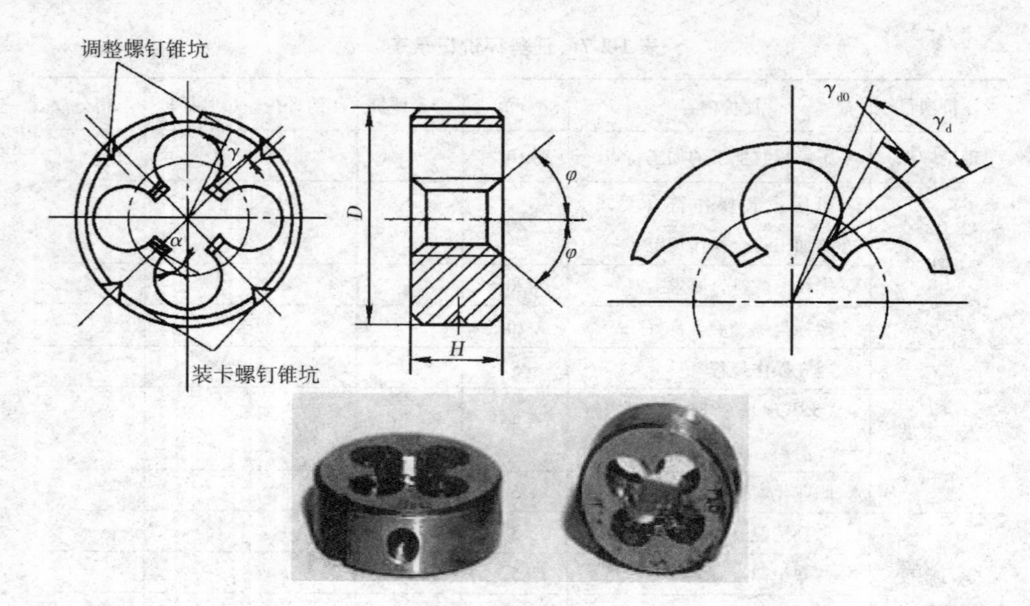

图 1-2-7　图板牙

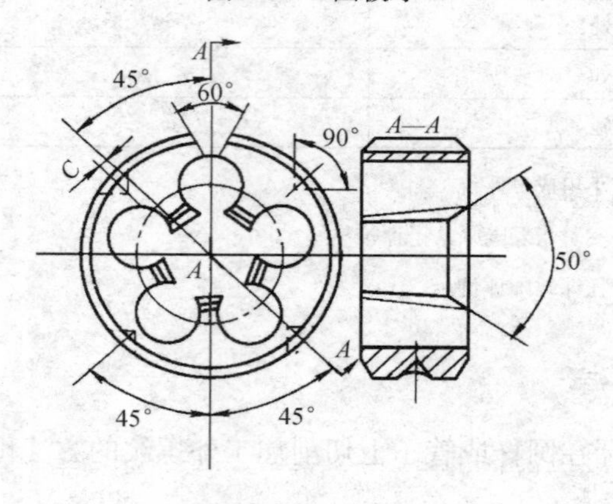

图 1-2-8　管螺纹板牙

（3）板牙铰杠。板牙铰杠是手工套螺纹时的辅助工具(图 1-2-9)。

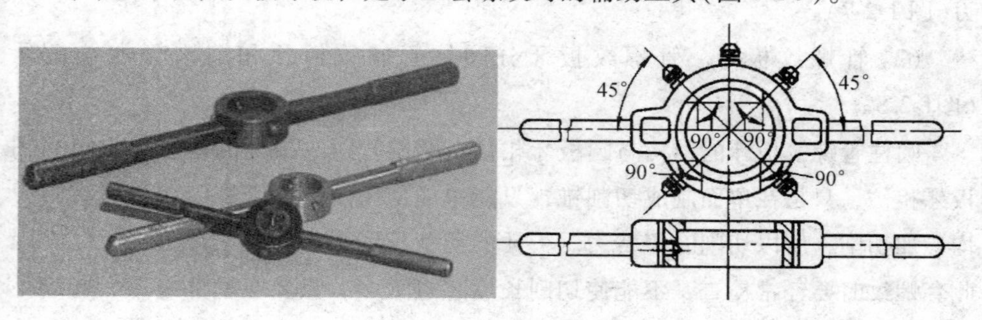

图 1-2-9　板牙铰杠

板牙铰杠的外圆旋有 4 只紧定螺钉和 1 只调松螺钉，使用时，紧定螺钉将板牙紧固在绞杠中，并传递套螺纹时的扭矩。

当使用的圆板牙带有 V 形调整槽时，通过调节上面 2 个紧定螺钉和调整螺钉，可使板牙螺纹直径在一定范围内变动。

2. 套螺纹方法

(1)测量套螺纹前圆杆直径(图 1-2-10)。

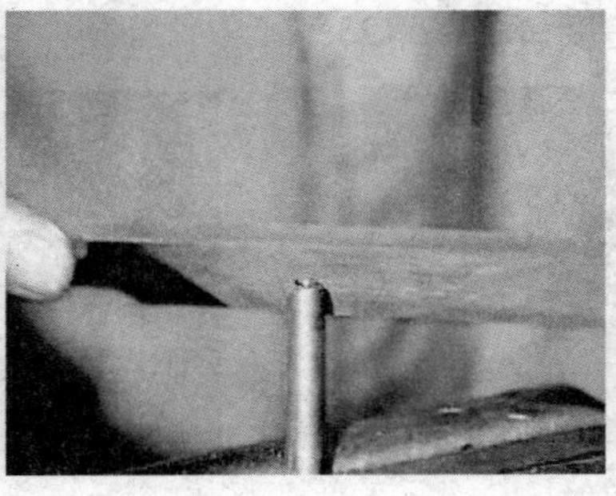

图 1-2-10　测量圆杆直径

(2)套螺纹要点：

①为使板牙容易对准工件和切入工件，圆杆端部要倒成圆锥斜角为 15°～20°的锥体(图 1-2-11)。锥体的最小直径可以略小于螺纹小径，使切出的螺纹端部避免出现锋口和卷边而影响螺母的拧入。

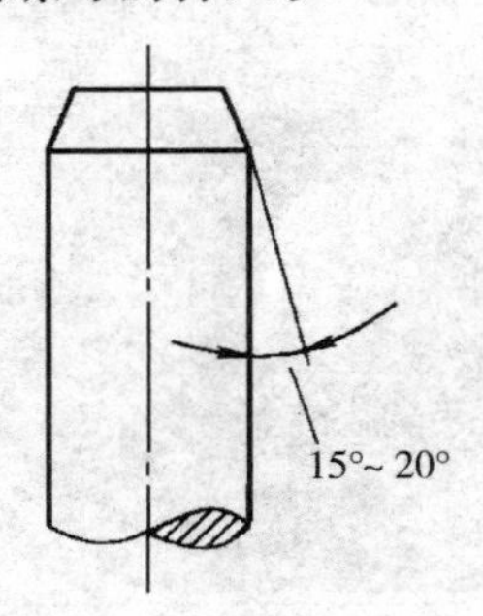

图 1-2-11　圆杆端部倒角

②为了防止圆杆夹持出现偏斜和夹出痕迹，圆杆应装夹在用硬木制成的 V 形钳口或软金属制成的衬垫中，在加衬垫时圆杆套螺纹部分离钳口要尽量近(流程如图 1-2-12)。

③套螺纹时应保持板牙端面与圆杆轴线垂直，否则套出的螺纹两面会有深浅，甚至烂牙。

④在开始套螺纹时，可用手掌按住板牙中心，适当施加压力并转动绞杠。当板牙切入圆杆1～2圈时，应目测检查和校正板牙的位置。当板牙切入圆杆3～4圈时，应停止施加压力，而仅平稳地转动绞杠，靠板牙螺纹自然旋进套螺纹(图1-2-12)。

⑤为了避免切屑过长，套螺纹过程中板牙应经常倒转。

⑥在钢件上套螺纹时要加切削液，以延长板牙的使用寿命，减小螺纹的表面粗糙度(图1-2-12)。

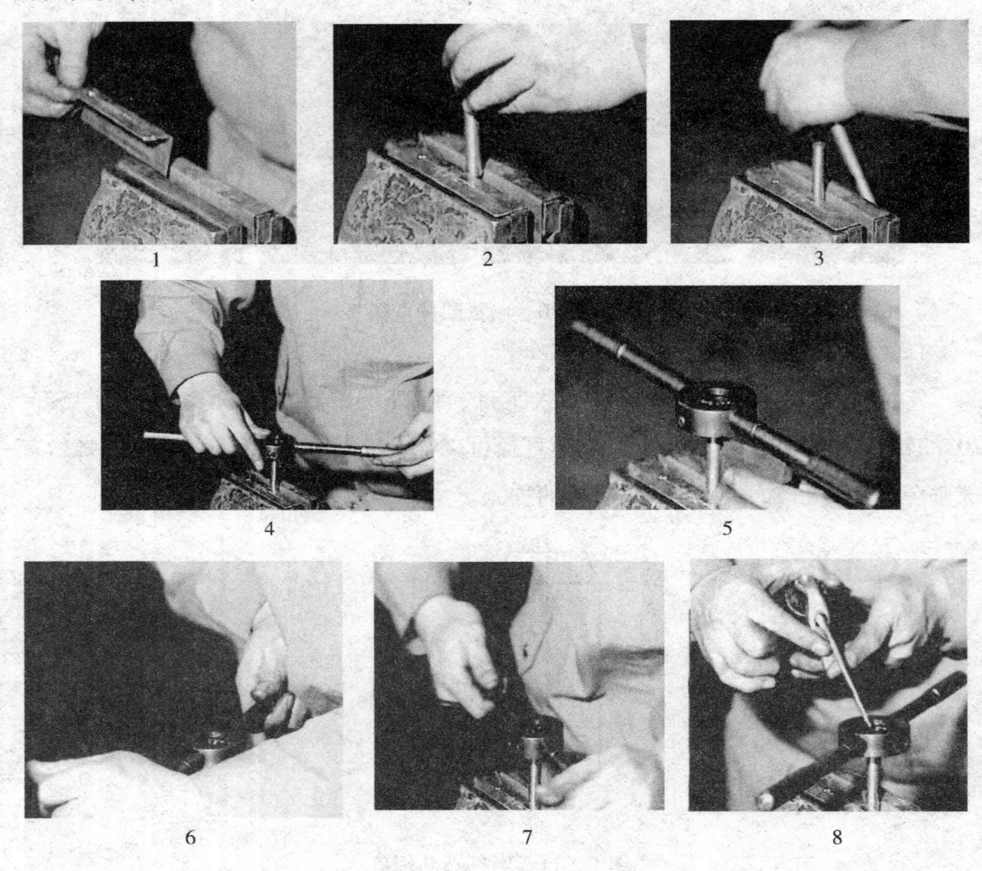

图1-2-12　套螺纹流程

学习任务三　台虎钳的安装与调试

工作任务卡见表 1-3-1。

表 1-3-1　工作任务卡

工作任务	台虎钳安装与调试
任务描述	机电设备装调是机电设备生产制造的最后工艺环节，它将最终保证机电产品的质量。如果装配工艺制造不合理，即使所有零部件都符合质量要求，也不能装调出合格的产品。反之当零部件质量不是特别高时，只要装配中采用合适的工艺方案，使设备达到正常精度，也可以达到规定要求
任务要求	1. 掌握机电设备安装一般方法 2. 提高动手能力和协作意识 3. 养成自觉清理工作环境的习惯
备注	

一、相关知识点收集

引导问题：在工作任务之前，应了解哪些必备知识？填入表 1-3-2。

表 1-3-2　知识点收集表

序号	知识点	内容	资料来源	收集人

二、分组讨论

引导问题：

(1)装配前要做哪些准备？

____

____。

(2)装配有哪些一般原则?

____

____。

(3)螺母、螺栓装配的要点是什么?

____

____。

三、制订工作计划

引导问题：为了在短时间获得更多的学习资源以及资源共享，将本次学习任务分为3个部分，各部分由1~2名同学分别掌握，然后大家分享。为此需要按以下步骤进行。

1. 相关学习资料的收集

学习资料见表1-3-3。

表1-3-3 学习资料收集表

班级：　　　　　　　　　　　　　　组别：

序号	知识点	内容	资料来源	收集人
1	装配前准备			
2	装配一般原则			
3	螺母、螺栓装配要点			

2. 现场学习与分享

结合台虎钳锁紧螺栓、螺母为本组同学讲解(表1-3-4)。

表1-3-4 现场学习与分享登记表

序号	知识点	讲解人
1	装配前准备	
2	装配一般原则	
3	螺母、螺栓装配要点	

3. 台虎钳组装步骤方案

台虎钳组装方案见表1-3-5。

表 1-3-5　台虎钳组装步骤方案表

步骤	组装内容	分工	预期成果及检查项目

4. 实训设备、工具

引导问题：这些实训工具、辅料是什么规格？数量各是多少？谁负责领出、保管及归还？并记录在表 1-3-6 中。

表 1-3-6　实训设备、工具使用记录表

序号	名称	型号及规格	数量	责任人
1	台虎钳	150mm	1	
2	活动扳手	250mm	2	
3	毛刷		1	
4	零件盒		1	
5	尖嘴钳		1	
6	黄油		1	
7	润滑油	20#	1	
8	内六角扳手	5～8	1	
9	油光锉	4 寸*	1	

四、执行工作计划

引导问题：如何实施？实施过程中如何组织与协调？谁负责记录？

1. 台虎钳组装准备工作

(1)熟悉组装任务。

(2)检查工具完备情况。

2. 台虎钳组装步骤

组装步骤如图 1-3-1 所示。

3. 注意事项

台虎钳安装时，必须使固定钳身的钳口，一部分处在钳台边缘外，保证夹

* 1 寸≈3.33cm

1. 安装转盘和底座

2. 安装丝杆固定件

3. 安装钳口

4. 钳口安装完成

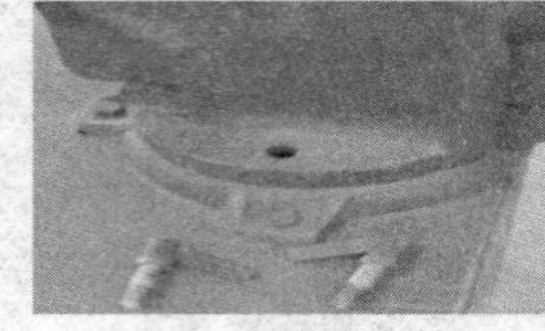
5. 安装固定栓

6. 固定栓安装完成

7. 把活动钳身放入固定钳身

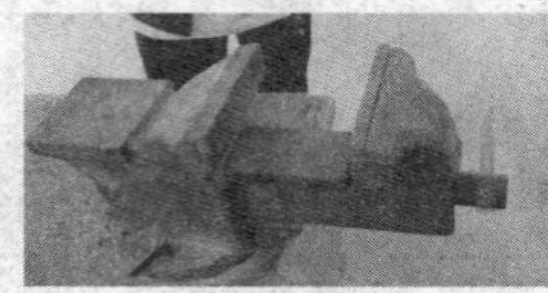
8. 旋转手柄使活动钳身与固定钳身合拢

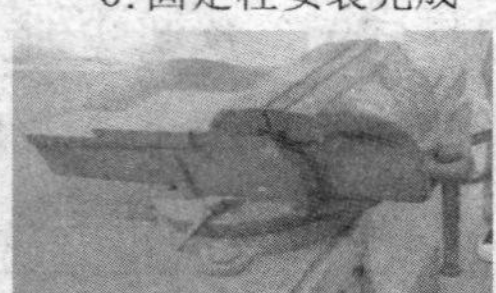
9. 安装成功

图 1-3-1　台虎钳组装

持长条形工件时，工件不受钳台边缘的阻碍。台虎钳一定牢固地固定在钳台上，两个压紧螺钉必须扳紧，使虎钳钳身加工时不会出现松动现象，否则会损坏虎钳和影响加工。在夹紧工件时只需用手的力量扳动手柄，绝不能用锤子和套筒扳手扳动手柄，以免造成丝杆、螺母、钳身损坏。加工时不能在钳口上敲击工件，而应该在固定钳身的平台上操作，否则会损害钳口。丝杆、螺母和其他滑动表面要求要经常保持清洁，并加油润滑。

五、考核与评价

考评各组完成情况，见表 1-3-7。

表 1-3-7　任务评价记录表

评价项目	评价内容	分值	个人评价	小组评价	教师评价	得分
理论知识	了解装配工艺规程的制定	10				
实践操作	组装台虎钳（组装顺序正确，零件排列有序）	20				
	清理台虎钳部件（各部件清洗干净，丝杠、螺母涂润滑油，其他螺钉涂防锈油后安装）	20				

续表

评价项目	评价内容	分值	个人评价	小组评价	教师评价	得分
实践操作	装台虎钳（安装后，使用要灵活）	20				
安全文明	遵守操作规程	5				
	“5S”现场管理（整理、整顿、清扫、清洁、素养）	5				
	职业化素养	5				
学习态度	考勤情况	5				
	遵守纪律	5				
	团队协作	5				
成果分享	不足之处					
	收获之处					
	改进措施					

注：①“个人评价”由小组成员评价。

②“小组评价”由实习指导老师给予评价。

③“教师评价”由任课教师评价。

六、知识拓展

1. 装配基本概念

“装”——组装、联结，“配”——仔细修配、精心调整，按规定的技术要求，将零件或部件进行配合和联接，使之成为半成品或成品的工艺过程称为装配。装配是机器制造过程中的最后阶段，装配工作的好坏，对产品质量和使用性能起着决定性的作用。虽然某些零件的精度不是很高，但经过仔细的修配、精确的调整后，仍可能装配出性能良好的产品来。研究装配工艺，选择合适的装配方法，制订合理的装配工艺过程，不仅保证产品质量，也能提高生产效率，降低制造成本。

2. 装配精度

装配精度——是装配工艺的质量指标，不仅影响机器或部件的工作性能，也影响到它们的使用寿命。装配精度有以下几方面的内容。

(1)零部件间的位置尺寸精度(零部件间的距离精度)。

(2)零部件间位置精度(平行度、垂直度、同轴度和各种跳动)。

(3)零部件间的相对运动精度(机器中有相对运动的零部件间在运动方向和

运动位置上的精度）。

(4)零部件间的配合精度（配合面间达到规定的间隙或过盈要求）。

(5)零部件间的接触精度（配合表面、接触表面和连接表面达到规定的接触面积大小和接触点分布的情况）。

3. 装配工作的基本要求

装配时，应检查零件与装配有关的形状和尺寸精度是否合格，检查有无变形、损坏等，并应注意零件上各种标记，防止错装。

固定连接的零部件，不允许有间隙。活动的零件，能在正常的间隙下，灵活均匀地按规定方向运动，不应有跳动。

各运动部件（或零件）的接触表面，必须保证有足够的润滑；若有油路，必须畅通。

各种管道和密封部位，装配后不得有渗漏现象。

试车前，应检查各个部件连接的可靠性和运动的灵活性，各操纵手柄是否灵活和手柄位置是否在合适的位置；试车时，从低速（压）到高速（压）逐步进行。

4. 产品装配的工艺过程

制定装配工艺过程的步骤（准备工作）有：研究和熟悉产品装配图及有关的技术资料；了解产品的结构、各零件的作用、相互关系及联接方法；确定装配方法；划分装配单元，确定装配顺序；选择准备装配时所需的工具、量具和辅具等；制定装配工艺卡片；采取安全措施。

5. 装配顺序的安排原则

(1)去掉工件毛刺与飞边，并预先进行清洗、防锈、防腐、干燥处理和防磕碰处理（装配前准备）。

(2)先装配重大件，后其他轻量件（如机床底座）。

(3)先复杂、精密件，后简单、一般件（如主轴件）。

(4)装配时有冲击的，需加压、加热的先装。

(5)使用相同设备和工艺装备的装配和有共同特殊装配环境的装配集中安排。

(6)电气线路、油气管路的安装应与相应的工序同时进行。

(7)易燃、易爆、易碎、有毒的后装（如集中润滑系统）。

(8)前道装配工序应不影响后面装配工序的进行，后面的工序应不损坏前面工序的质量。

也就是说，先选装配基准，先下后上，先内后外，先难后易，先重后轻，

先精密后一般。

6. 装配工作的相关组成

(1)零件的清理和清洗。

目的：去除粘附在零件上的灰尘、切屑和油污，并使零件具有一定的防锈能力。

原因：如果零部件装配面表面存留有杂质，会迅速磨损机器的摩擦表面，严重的会使机器在很短的时间内损坏，特别是对轴承、密封件、转动件等。

装配时，对零件的清理和清洗内容：

①装配前，清除零件上的残存物，如型砂、铁锈、切屑、油污及其他污物。

②装配后，清除在装配时产生的金属切屑，如配钻孔、铰孔、攻螺纹等加工的残存切屑。

③部件或机器试车后，洗去由磨擦、运行等产生的金属微粒及其他污物。

(2)零件的联结。

装配的核心工作：包括可拆联结(用螺纹、键、销联结等)和不可拆联结(胶水粘合、铆接和过盈配合等)两种。

(3)校正、调整与配作、精度检验。

校正：装配联结过程中相关零部件相互位置的找正、找直、找平及相应的调整工作。

调整：是指调节零件或机构的相对位置、配合间隙和结合松紧等，如轴承间隙、齿轮啮合的相对位置和摩擦离合器松紧的调整(位置精度调整)。如传动轴装配时的同轴度调整、径向跳动和轴向窜动调整。

配作：指几个零件配钻、配铰、配刮和配磨等，装配过程中附加的一些机械加工和钳工操作。其中，配钻和配铰要校正、调整，并紧固联结螺栓后再进行。

精度检验：就是用检测工具，对产品的工作精度、几何精度进行检验，直至达到技术要求为止。

(4)平衡。

对转速较高、旋转平稳性要求较高的机器，为防止其在工作时出现不平衡的离心力和振动，应对其旋转零部件进行平衡。用实验的方法来确定出其不平衡量的大小和方位，消除零件的不平衡质量，从而消除因此引起的机器旋转时的振动。

不平衡产生原因：材料内部组织密度不均或毛坯缺陷加工及装配误差。

(5)试车与验收(测试)。

试车是机器装配后，按设计要求进行的转试验。包括运转灵活性、工作时升温、密封性、转速、功率、振动和噪声等。

7. 常用零件的装配形式

(1)螺纹联接的装配。

螺纹联接是一种可拆的固定联接，它具有结构简单、联接可靠、拆装方便等优点，因而在机械中应用极为普遍。

①螺纹联接装配的技术要求：一是保证有一定的拧紧力矩；二是有可靠的防松装置。

②螺纹联接的装配工艺：一是双头螺栓装配后必须保证与机体螺孔配合有足够的紧固性；二是螺钉、螺栓、螺母装配后的端面必须与零件的平面紧密贴合，以保证联接牢固可靠。

一般螺栓连接时采用紧固连接。螺栓紧固的目的是增强连接的刚性、紧密性和防松能力，提高受拉螺栓的疲劳强度，增大连接中受剪螺栓的摩擦力，从而提高传递载荷的能力。

紧固前准备螺栓装配前，应检查螺栓孔是否干净，有无毛刺，检查被连接件与螺栓、螺母接触的平面，是否与螺栓孔垂直；同时，还应检查螺栓与螺母配合的松紧程度。拧紧成组螺栓、螺母、螺钉时，必须按照一定的顺序拧紧，做到分次、对称、逐步拧紧(图 1-3-2)。否则会使螺栓松紧不一致，甚至使被联接件变形。如拧紧长方形分布的成组螺栓(螺母)时，应从中间的螺栓开始，依次向两边对称地扩展。

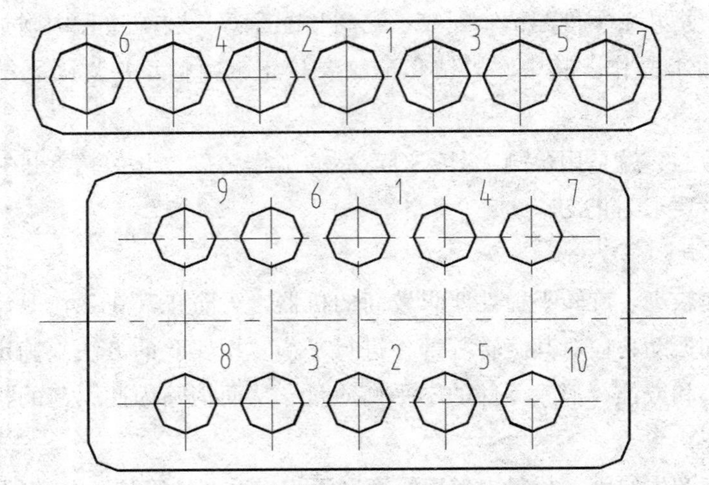

图 1-3-2　长方形分布的成组螺栓拧紧顺序

在拧紧圆形或方形分布的成组螺栓(螺母)时，必须对称地进行。如有定位销，应从靠近定位销的螺栓(螺钉)开始(图 1-3-3)。

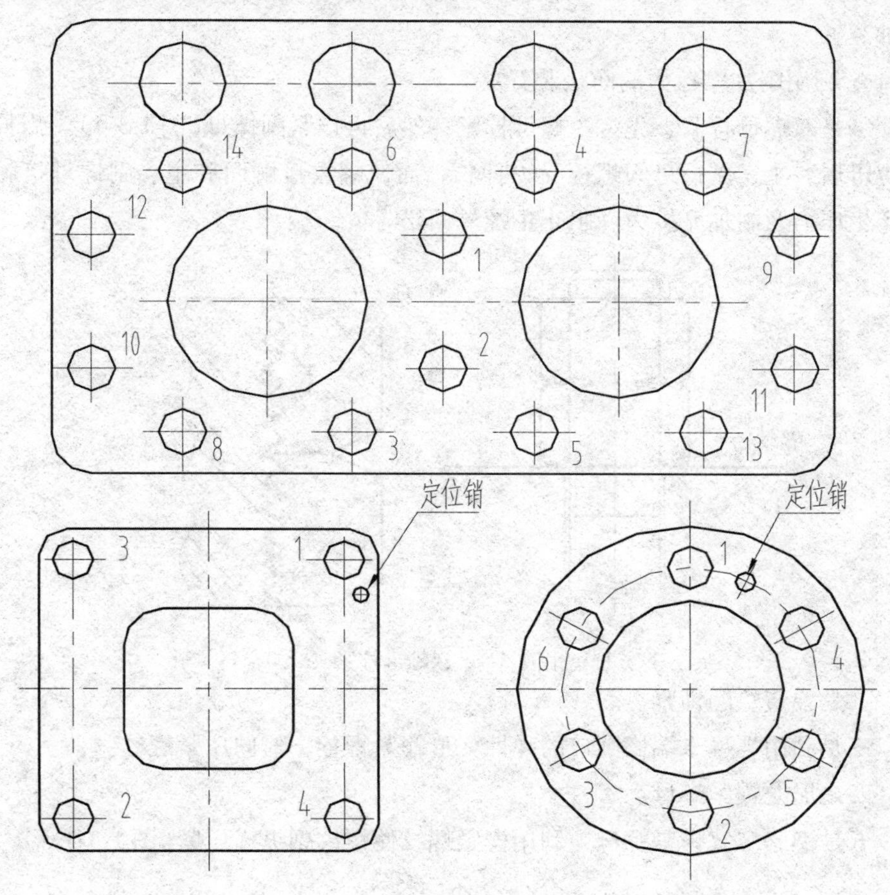

图 1-3-3　圆形或方形分布的成组螺栓拧紧顺序

③拧紧力矩的控制。规定预紧力的螺纹联接，常用控制力矩法、控制螺栓伸长法、控制扭角法来保证准确的预紧力。

控制力矩法是利用专门的装配工具，如指针试扭力扳手、千斤顶、气动定扭扳手、电动定扭拧紧机。这些工具在拧紧螺纹时，可指示出拧紧力矩的数值或达到预先设定的拧紧力矩时发出信号或自行终止拧紧。

④螺纹联接的防松。在静载荷下，联结所用的螺纹能满足自锁条件，螺母、螺栓头部等支承面处的摩擦也有防松作用。但在冲击、振动或变载荷下，或当温度变化大时，联接有可能松动，甚至松开，这就容易发生事故。所以在设计螺纹联接时，必须考虑防松问题。

防松的根本问题在于防止螺纹副相对转动。具体的防松装置或方法很多，就工作原理来看，可分为利用摩擦、机械方法(直接锁住)和破坏螺纹副关系三种。

a. 利用附加摩擦力的防松装置。

一是双螺母拧紧：先将主螺母拧紧，然后再拧紧副螺母(图1-3-4)。当拧紧副螺母后，主、副螺母间螺栓受力伸长，而使螺纹接触面和主、副螺母接触面上产生压力及附加摩擦力，阻止主螺母回松。

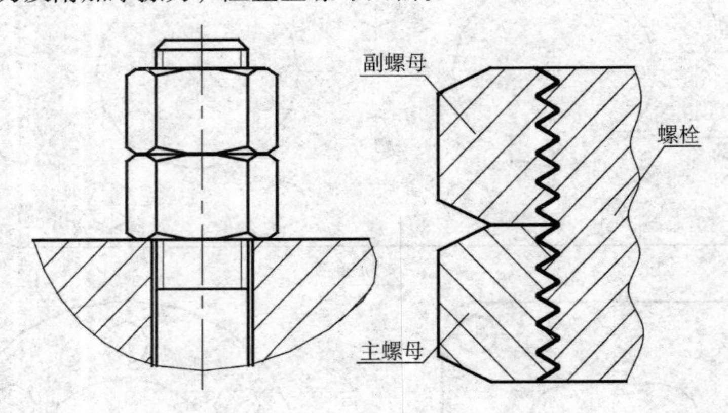

图1-3-4　双螺母拧紧

二是弹簧垫圈锁紧。

三是利用螺母末端椭圆口的弹性变形箍紧螺栓，横向压紧螺纹。

四是尼龙锁紧螺母。

五是楔紧螺纹锁紧螺母：利用楔紧螺纹使螺纹副纵横压紧(图1-3-5)。

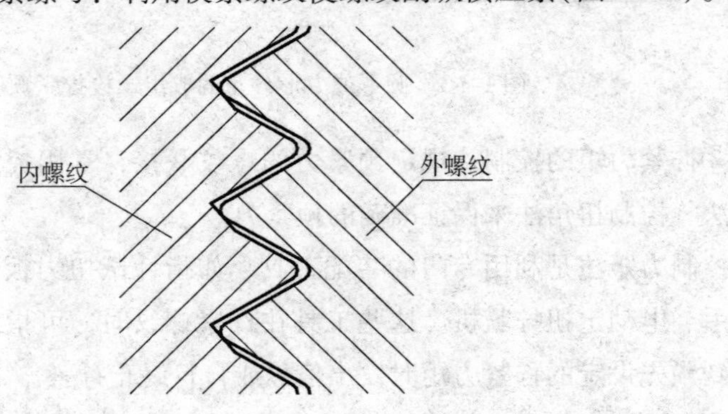

图1-3-5　楔紧螺纹

b. 机械方法防松装置：

一是开口销与带槽螺母配合使用(图1-3-6)；

二是圆螺母与止动垫圈配合使用(图 1-3-7)；

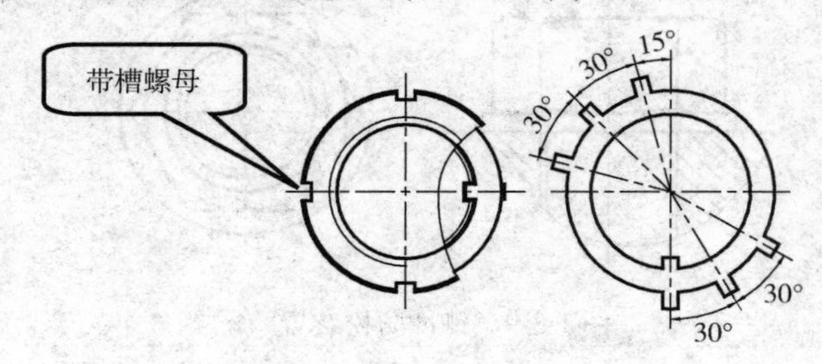

图 1-3-6　开口销与带槽螺母配合使用

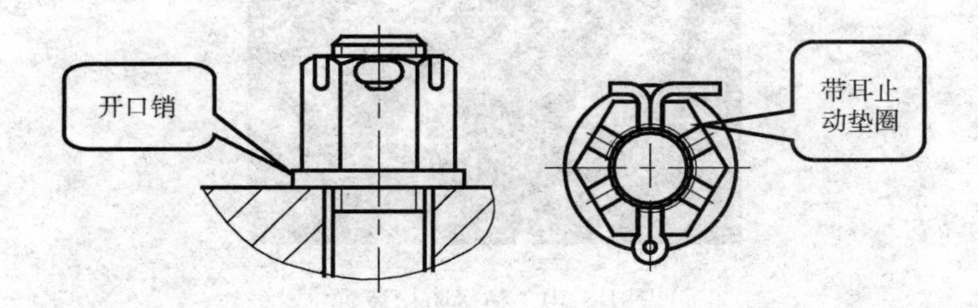

图 1-3-7　圆螺母与止动垫圈配合使用

三是六角螺母与带耳止动垫圈。

四是串联钢丝：利用金属丝使一组螺钉头都相互约束，当有松动趋势时，金属丝更加拉紧(图 1-3-8)。

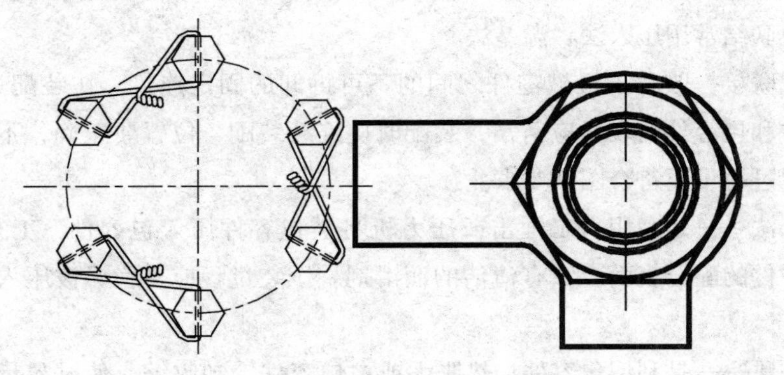

图 1-3-8　串联钢丝

铆冲防松装置：装配时，先将螺母或螺钉拧紧，然后用样冲在端面、侧面、钉头冲点来防止回松。用于不需拆卸的特殊联结(图 1-3-9)。

粘接防松装置：采用厌氧胶粘剂，涂于螺纹旋合表面，拧紧后，胶粘剂能自行固化从而达到防止回松的目的(图 1-3-10)。

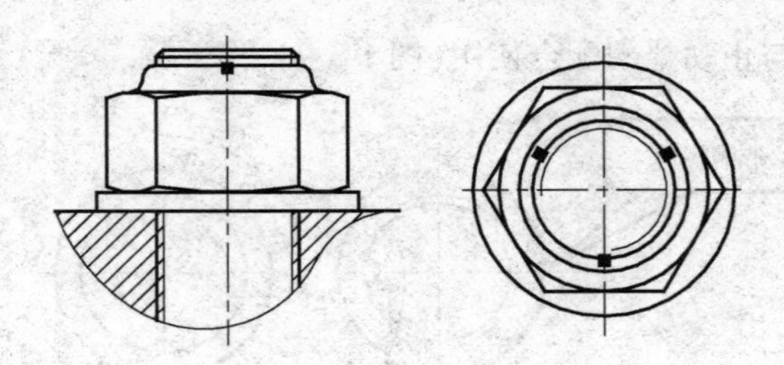

图 1-3-9　铆冲防松装置

图 1-3-10　粘接防松装置

(2)过盈联接的装配

过盈联接一般属于机械零件之间的不可拆卸的固定连接。在装配过程中，被包容件和包容件的表面应清洁；装配时应连续装配，位置要正确，不应有歪斜；实际过盈量要符合图纸要求。

过盈联结常用压入法、温差法。

过盈联接一般属于机械零件之间的不可拆卸的固定连接。在装配过程中，被包容件和包容件的表面应清洁；装配时应连续装配，位置要正确，不应有歪斜；实际过盈量要符合图纸要求。

压入法——是利用人工锤击或压力机将被包容件压入包容件，工艺简单。压装时零件的配合表面应涂有清洁的润滑剂。压装过程应平稳，被压入件应准确到位。

温差法——是利用包容件加热胀大或被包容件冷却收缩，使过盈量消失并有一定装入间隙的过盈连接方法。

热装——加热温度应根据零件的材料、配合直径、过盈量和热装的最小间隙等确定。零件加热到预定温度后，取出应立即装配，并应一次装配到预定位置，中间不得停顿。热装后一般应让其自然冷却，不应骤冷。

冷装——多用于过渡配合或过盈量较小的连接件装配，比热装费用高。冷

装的优点：被包容件的冷却时间比包容件的加热时间短，其表面不会因加热氧化而使组织变化，而且较小的被包容件比较大的包容件易于操作。

零件冷透取出后应立即装入包容件内。对零件表面有厚霜者，不得继续装配，必须清理干净后重新冷却。

(3)轴承装配

由于轴承经过防锈处理并加以包装，因此不到临安装前不要打开包装。

另外，轴承上涂布的防锈油具有良好的润滑性能，对于一般用途的轴承或充填润滑脂的轴承，可不必清洗直接使用。但对于仪表用轴承或用于高速旋转的轴承，应用清洁的清洗油将防锈油洗去，这时轴承容易生锈，不可长时间放置。

轴承安装不正确，会出现卡住，温度过高，导致轴承早期损坏。因而轴承安装的好坏与否，将影响到轴承的精度、寿命和性能(图1-3-11)。

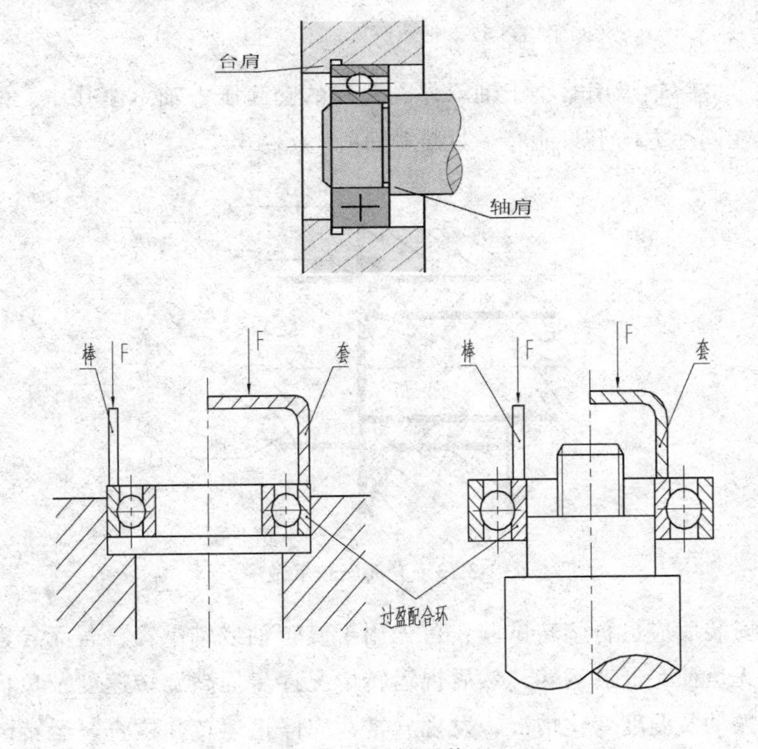

图1-3-11　轴承装配

用压入法装配时，装配压力应用专门的套筒直接加在过盈配合环上，不得通过滚动体或保持架传递压力或打击力。

当采用内圈与主轴紧配合、外圈与轴承座孔松配合时，可先将轴承装在主轴颈上，压装时在轴承端面垫上套筒，然后将轴承连同主轴一起装入壳体孔中（图 1-3-12）。

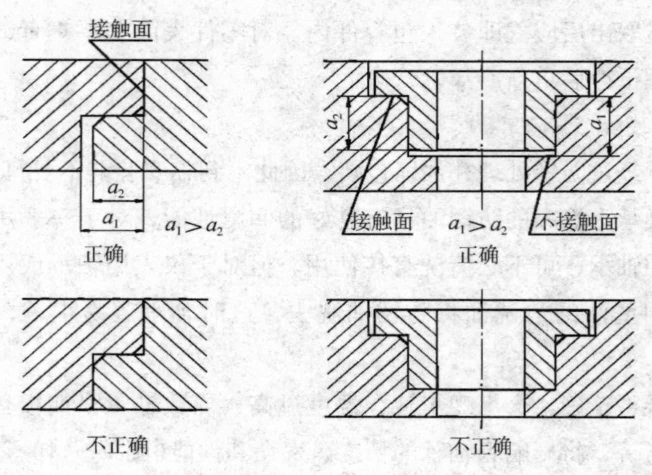

图 1-3-12　轴承压入轴承座孔做法

反之，应将轴承用略小于轴承外圈直径的套筒压入轴承座孔中。两零件的接触面，在同一方向上只能有一对接触面(图 1-3-13)。

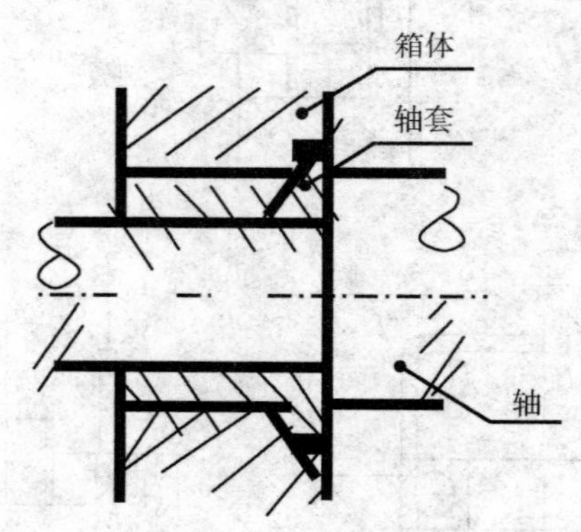

图 1-3-13　套筒压轴承做法

轴承安装后应进行旋转试验：首先用于旋转轴或轴承箱，若无异常，便以动力进行无负荷、低速运转，然后视运转情况逐步提高旋转速度及负荷，并检测噪声、振动及温度变化情况，发现异常，应停止运转并检查。运转试验正常后方可交付使用。

(4)密封件的装配

装配密封件时，对油封和密封圈，装配前应将油封唇部和密封圈表面涂上润滑油脂(需干装配的除外)。同时必须清除零件的尖角，避免使用锐利的

工具。

油封的装配方向应使介质工作压力把密封唇部压紧在轴上，不得装反；如油封用于防尘时，则应使唇部背向轴承。

若轴端有键槽、螺钉孔、台阶时，为防止油封和密封圈损坏，装配时可采用装配导向套(图 1-3-14)。

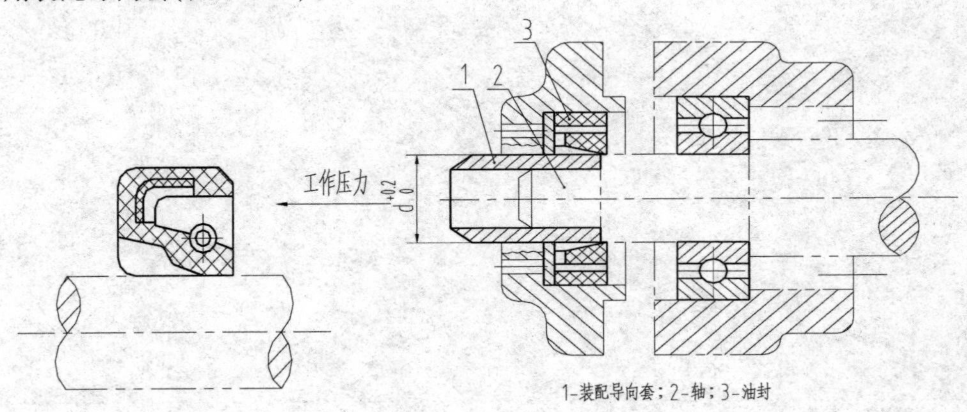

图 1-3-14　密封件的装置

(5)花键联结的装配

装配联结的花键时，花键孔与花键轴允许有少量过盈，装配时可用铜棒轻轻敲入，但不得过紧，否则可能拉毛配合面(图 1-3-15)。

图 1-3-15　花键联结的装配

8. 拆卸工作的要求

①机器拆卸工作，应按其结构的不同，预先考虑操作顺序，以免先后倒置，或贪图省事猛拆猛敲，造成零件的损伤或变形。

②拆卸的顺序，应与装配的顺序相反。

③拆卸时，使用的工具必须保证对合格零件不会发生损伤，严禁用手锤直

接在零件的工作表面上敲击。

④拆卸时，零件的旋松方向必须辨别清楚。

⑤拆下的零部件必须有次序、有规则地放好，并按原来结构套在一起，配合件上做记号，以免搞乱。对丝杠、长轴类零件必须正确放置，防止变形。

学习情景二　台钻的拆装

情景引入

常用的机械传动装置包括带传动、链传动、齿轮传动、蜗轮蜗杆传动等。学会这些机械传动装置的安装与调试方法、技巧，有助于提高机械装配和调试的基本技能，为部件以及整机的安装与调试打下基础。

学习目标

1. 了解各种传动机构的组成、结构、类型、性能、特点、应用。
2. 掌握 V 带的安装与带张紧力的控制方法。
3. 熟练使用各种拆装工具。

学习内容

任务一　小台钻的拆卸。

任务二　小台钻的安装。

学习任务一　小台钻的拆卸

工作任务卡见表 2-1-1。

表 2-1-1　工作任务卡

工作任务	小台钻的拆卸
任务描述	在生产实践中往往要用到很多生产设备，不同的设备都有自己不同的结构特点，也有相似之处。作为调试与维修人员多接触一些设备，对后期的工作大有裨益。拆装一台设备，不仅可以了解其内部结构和运行方式，还可以提出改进措施。台钻是机械加工中常用到的机电设备，使用精度和维护的要求高；结构简单，拆卸和安装方便。通过拆装台钻，可以提高调试与维修人员的工作能力

续表

工作任务	台钻的拆卸
任务要求	1. 掌握零部件的拆卸方法 2. 了解小台钻的基本组成结构 3. 掌握小台钻零部件的选择
备注	

一、相关知识点收集

引导问题：在工作任务之前，应了解哪些必备知识？填入表2-1-2。

表2-1-2　相关知识点收集

序号	知识点	内容	资料来源	收集人

二、分组讨论

引导问题：

(1)小台钻的基本组成结构？

____

____。

(2)摩擦传动有什么特点？

____

____。

(3)齿轮传动有什么特点？

____

____。

三、制订工作计划

引导问题：为了在短时间获得更多的学习资源以及资源共享，将本次学习任务分为3个部分，各部分由1~2名同学分别掌握，然后大家分享。为此需要按以下步骤进行。

1. 相关学习资源的收集

收集相关学习资料，并填入表2-1-3。

表2-1-3　学习资料收集表

班级：　　　　　　　　　　　　　　　　组别：

序号	知识点	内容	资料来源	收集人
1	小台钻的基本组成结构			
2	摩擦传动特点			
3	齿轮传动特点			

2. 现场学习与分享

结合台虎钳为本组同学讲解，填入表2-1-4。

表2-1-4　现场学习与分享登记表

序号	知识点	讲解人
1	小台钻的基本组成结构	
2	摩擦传动特点	
3	齿轮传动特点	

3. V带传动拆装步骤，填入表2-1-5。

表2-1-5　V带传动拆装步骤表

步骤	内容	分工	预期成果及检查项目

4. 实训设备、工具

引导问题：这些实训工具、辅料是什么规格？数量各是多少？谁负责领出、保管及归还？并记录在表2-1-6中。

表 2-1-6　实训设备、工具使用记录表

序号	名称	型号及规格	数量	责任人
1	一字起		1	
2	十字起		1	
3	毛刷		1	
4	零件盒		1	
5	拉马	8″	1	
6	卡簧钳		1	
7	橡皮锤		1	
8	垫铁		1	
9	钢直尺	1000mm	1	
10	活动扳手	250mm	1	

四、执行工作计划

引导问题：如何实施？实施过程中如何组织与协调？谁负责记录？

1. 台钻的拆装准备工作

(1)研究装配件，掌握结构特征。

(2)了解结构性质和装配盈隙，测出相对位置，标记，记录。

(3)研究正确的拆卸方法。

(4)准备好必要的工具、量具、吊具等。

2. 台钻拆卸顺序

(1)传动部分的拆卸：第一，升降丝杆的拆卸；第二，电动机的拆卸；第三，皮带及带轮的拆卸。

①拧松紧固螺钉。

②调小中心距。

③拆下 V 带。首先确保台钻断电，从进入大带轮侧挂边旋出，旋转时手指要在带轮槽外扶带小心夹手，然后从小带轮拆下 V 带。在拆、装 V 带时，避免硬撬而损坏 V 带或设备。

④拆卸皮带轮。拆卸时，先在皮带轮与转轴之间做好位置标记，拧松固定螺钉和销子，然后用拉马慢慢地拉出。如果拉不出，可以在内孔浇点煤油再拉。

如果仍拉不出，可以用急火围绕皮带轮迅速加热，同时用湿布包好轴，同时不断浇冷水，以防止热量传入电动机内部。

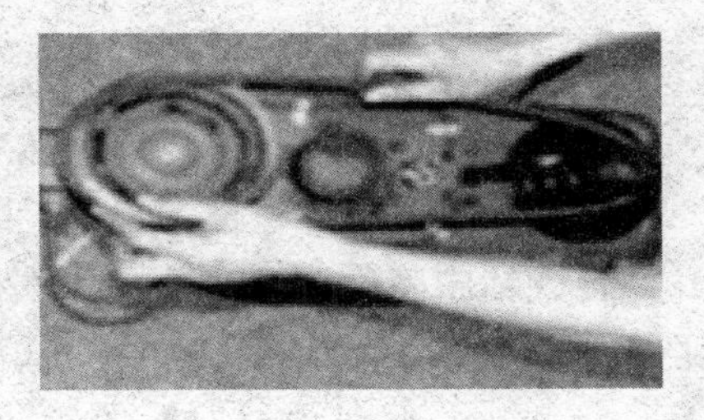

图 2-1-1　V 带拆卸

(2)主轴部分的拆卸：主轴总成、轴承座、大小齿轮轴、手柄座等。

(3)一般拆卸顺序从外到里，从上到下，拆下的各零部件按有序顺序摆放，便于以后的装配。

五、考核与评价

考评各组完成情况，见表 2-1-7。

表 2-1-7　任务评价记录表

评价项目	评价内容	分值	个人评价	小组评价	教师评价	得分
理论知识	了解小台钻的基本组成结构	10				
实践操作	拆卸工具使用规范	20				
	带轮拆卸规范、准确	20				
	V 带松紧适当	20				
安全文明	遵守操作规程	5				
	“5S”现场管理(整理、整顿、清扫、清洁、素养)	5				
	职业化素养	5				
学习态度	考勤情况	5				
	遵守纪律	5				
	团队协作	5				
成果分享	不足之处					
	收获之处					
	改进措施					

注：①“个人评价”由小组成员评价。

②“小组评价”由实习指导老师给予评价。

③“教师评价”由任课教师评价。

六、知识拓展

1. 认识小台钻

台式钻床简称台钻，是一种体积小巧，操作简便，通常安装在专用工作台上使用的小型孔加工机床。台式钻床钻孔直径一般在 13mm 以下，一般不超过 25mm。其主轴变速一般通过改变三角带在塔型带轮上的位置来实现，主轴进给靠手动操作。

台式钻床是一种小型钻床。图 2-1-2 是一台应用广泛的台钻。电动机通过五级变速带轮，使主轴可变五种转速。头架可在圆立柱上面上、下移动，并可绕圆立柱中心转到任意位置进行加工，调整到适当位置后用手柄锁紧。如头架要放低时，先把保险环调节到适当位置，用紧定螺钉把它锁紧，然后略放松手柄，靠头架自重落到保险环上，再把手柄扳紧。工作台可在圆立往上面上、下移动，并可绕立柱转动到任意位置。当松开锁紧螺钉时，工作台在垂直平面还可左右倾斜 45°。工件较小时，可放在工作台上钻孔，当工件较大时，可把工作台转开，直接放在钻床底座面上钻孔。

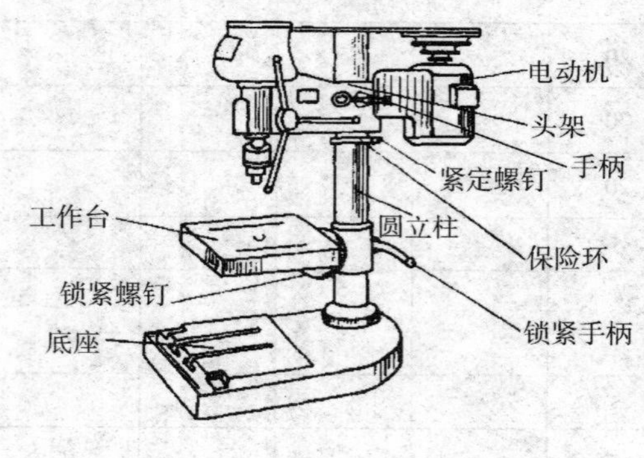

图 2-1-2　台式钻床

这种台钻灵活性较大，转速高，生产效率高，使用方便，因而是零件加工、装配和修理工作中常用的设备之一。但由于构造简单，变速部分直接用带轮变速，最低转速较高，一般在 400r/min 以上，有些特殊材料或工艺需用低速加工的不适用。

2. 台式钻床安全操作规程

(1)使用前要检查钻床各部件是否正常。

(2)钻头与工件必须装夹紧固，不能用手握住工件，以免钻头旋转引起伤人事故以及设备损坏事故。

(3)集中精力操作，摇臂和拖板必须锁紧后方可工作，装卸钻头时不可用手锤和其他工具物件敲打，也不可借助主轴上下往返撞击钻头，应用专用钥匙和扳手来装卸，钻夹头不得夹锥形柄钻头。

(4)钻薄板须加垫木板，应刃磨薄板钻头，并采用较小进给量，钻头快要钻透工件时，应适当减小进给量要轻施压力，以免折断钻头损坏设备或发生意

外事故。

(5)钻头在运转时，禁止用棉纱和毛巾擦拭钻床及清除铁屑。工作后钻床必须擦拭干净，切断电源，零件堆放及工作场地保持整齐、整洁。

(6)切削缠绕在工件或钻头上时，应提升钻头。使之断削并停钻，然后用专门工具清除切削。

(7)必须在钻床工作范围内钻孔，不应使用超过额定直径的钻头。

(8)更换皮带位置变速时，必须在切断电源后操作。

(9)工作中出现任何异常情况，应停车再处理。

(10)操作员操作前必须熟悉机器的性能、用途及操作注意事项。生手严禁单独上机操作。

(11)工作人员必须穿适当的衣服，严禁戴手套。

学习任务二　小台钻的安装

工作任务卡见表2-2-1。

表2-2-1　工作任务卡

工作任务	小台钻的安装
任务描述	在生产实践中往往要用到很多生产设备，不同的设备都有自己不同的结构特点，又有相似之处。作为调试与维修人员多接触一些设备，对后期的工作大有裨益。拆装一台设备，不仅可以了解其内部结构和运行方式，还可以提出改进措施。台钻是机械加工中常用到的机电设备，对其使用精度和维护的要求高，但其结构简单，拆卸和安装方便。通过拆装台钻，可以提高调试与维修人员的工作能力
任务要求	1. 掌握台钻的拆卸方法 2. 了解台钻组成 3. 理解装调机电设备的意义
备注	

一、相关知识点收集

引导问题：在工作任务之前，应了解哪些必备知识？填入表2-2-2。

表 2-2-2　相关知识点收集表

序号	知识点	内容	资料来源	收集人

二、分组讨论

引导问题：

(1)台钻的转速如何调节？

(2)滚动轴承有哪些优缺点？

(3)常见机床都有哪些传动方式？

三、制订工作计划

引导问题：为了在短时间获得更多的学习资源以及资源共享，将本次学习任务分为 3 个部分，各部分由 1 ~ 2 名同学分别掌握，然后大家分享。为此需要按以下步骤进行：

1. 相关学习资源的收集

收集相关学习资料，并填入表 2-2-3。

表 2-2-3　学习资料收集表

班级：　　　　　　　　　　　　　　　组别：

序号	知识点	内容	资料来源	收集人
1	台钻转速调节方式			
2	滚动轴承特点			
3	机床传动方式			

2. 现场学习与分享

结合台虎钳为本组同学讲解，填入表2-2-4。

表2-2-4　现场学习与分享登记表

序号	知识点	讲解人
1	台钻转速调节方式	
2	滚动轴承特点	
3	机床传动方式	

3. 台钻拆装步骤

台钻拆装步骤表，填入表2-2-5。

表2-2-5　台钻拆装步骤表

步骤	内容	分工	预期成果及检查项目

4. 实训设备、工具

引导问题：这些实训工具、辅料是什么规格？数量各是多少？谁负责领出、保管及归还？并记录在表2-2-6中。

表2-2-6　实训设备、工具使用记录表

序号	名称	型号及规格	数量	责任人
1	一字起		1	
2	十字起		1	
3	毛刷		1	
4	零件盒		1	
5	拉马	8″	1	
6	卡簧钳		1	
7	橡皮锤		1	
8	垫铁		1	
9	钢直尺	1000mm	1	
10	活动扳手	250mm	1	
11	铜棒			

四、执行工作计划

引导问题：如何实施？实施过程中如何组织与协调？谁负责记录？

1. 台钻安装准备工作

(1)熟悉安装任务。

(2)检查工具完备情况。

2. 台钻安装步骤

(1)认真清理台钻上灰尘、铁锈、铁屑等杂质，擦拭重要零部件，如主轴，光孔等部位。

(2)安装回转工作台及转轮，使其达到适当位置(图 2-2-1)。

图 2-2-1　安装回转工作台及转轮

(3)安装主轴箱及锁紧手柄：在安装的过程中可以两个人配合安装。由于钻床对打孔精度要求高，拆卸机床主轴，容易使机床几何精度降低，从而影响加工精度，故在一般情况下不要随意拆卸(图 2-2-2)。

图 2-2-2　安装主轴箱及锁紧手柄

(4)安装主轴组件及升降手轮：安装升降手轮时注意螺旋弹簧要松紧适当(图 2-2-3)。安装时要小心弹簧弹出，伤及操作人员。

图 2-2-3　安装主轴组件及升降手轮

(5)安装电源控制开关：由于机床电源要使用三相电，所以在拆卸电源开关时，要把导线与开关触点连接情况记好，防止在安装时，把线头接反，使台钻反转，造成不必要的返工(图 2-2-4)。

图 2-2-4　安装电源控制开关

(6)安装主轴箱上端盖：把端盖装上以后，要把电源线压紧在端盖上，防止 V 带转动时伤及导线，造成漏电。如果导线已经老化，应及时更换(图 2-2-5)。

图 2-2-5　安装主轴箱上端盖

（7）安装电动机：电动机的定位螺钉不要拧的过紧，以便调整带轮中心距。

（8）安装主从带轮：安装带轮时，要保证带轮定位精度，相互位置精度。

（9）检查带轮相互位置，如图 2-2-6。

图 2-2-6　检查带轮相互位置

（10）安装 V 带，如图 2-2-7。如果带磨损严重，要更换新的。同时检测 V 带的张紧程度，如果张紧度偏松，可以调节电动机的紧固螺钉，增大带轮中心距。

图 2-2-7　安装 V 带

（11）安装防护外壳，如图 2-2-8。

图 2-2-8　安装防护外壳

(12)安装钻夹头，接上电源，查看电动机的运转情况。

五、考核与评价

考评各组完成情况，见表 2-2-7。

表 2-2-7　任务评价记录表

评价项目	评价内容	分值	个人评价	小组评价	教师评价	得分
理论知识	台钻由哪些零部件组成	10				
实践操作	安装方式正确	20				
	拆卸方式正确	20				
	钻床工作正常	20				
安全文明	遵守操作规程	5				
	“5S”现场管理（整理、整顿、清扫、清洁、素养）	5				
	职业化素养	5				
学习态度	考勤情况	5				
	遵守纪律	5				
	团队协作	5				
成果分享	不足之处					
	收获之处					
	改进措施					

注：①“个人评价”由小组成员评价。

②“小组评价”由实习指导老师给予评价。

③“教师评价”由任课教师评价。

六、知识拓展

(一)台钻的主要零部件

带及带传动

带传动是利用张紧在带轮上的传动带与带轮的摩擦或啮合来传递运动和动力的。链传动属于具有中间挠性元件的啮合传动。链传动与摩擦带传动相比，链传动的传动比准确，传动效率稍高，能在恶劣环境下工作。

1. 带传动的类型

带传动是由主动带轮、从动带轮和传动带所组成，分为摩擦带传动和啮合带传动两大类。按带横截面的形状，带传动可分为平带传动、V 带传动、圆带传动和同步带传动等，如图 2-2-9。其中平带传动、V 带传动、圆带传动为摩擦带传动，同步带传动为啮合带传动。

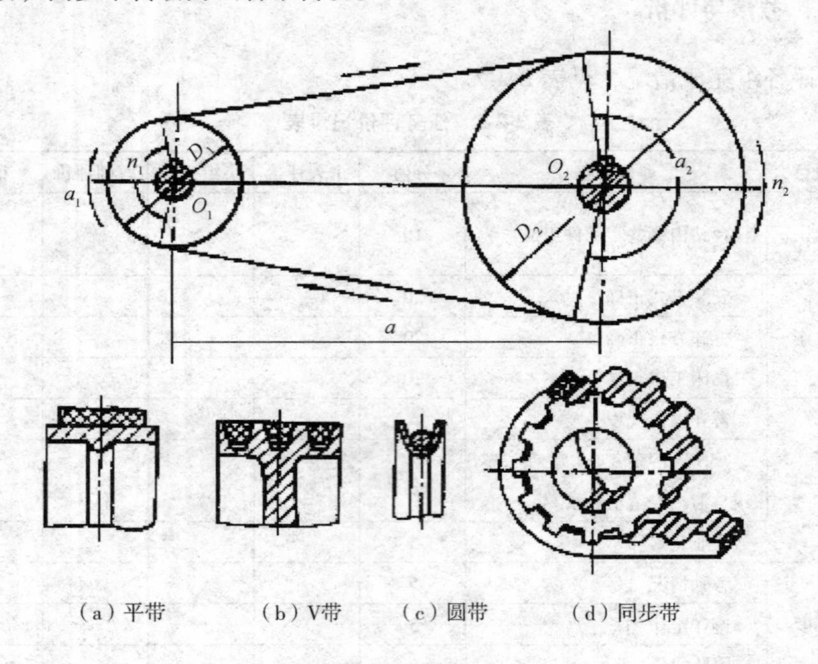

（a）平带　（b）V带　（c）圆带　（d）同步带

图 2-2-9　带传动

2. 带传动的特点和应用

（1）传动带有弹性，能缓冲、吸振，传动较平稳，噪音小。

（2）摩擦带传动在过载时带在带轮上的打滑，可防止损坏其他零件，起安全保护作用。但不能保证准确的传动比。

（3）结构简单，制造成本低，适用于两轴中心距较大的传动。

（4）传动效率低，外廓尺寸大，对轴和轴承压力大，寿命短，不适合高温易燃场合。

带传动广泛应用在工程机械、矿山机械、化工机械、交通机械等。带传动常用于中小功率的传动；摩擦带传动的工作速度一般在 5 ~ 25m/s 之间，啮合带传动的工作速度可达 50m/s；摩擦带传动的传动比一般不大于 7，啮合带传动的传动比可达 10。

3. 平带传动

平带传动的形式及使用特点：平带的横截面为扁矩形，工作时，带的环形内表面与轮缘接触，结构简单，带轮易制造，成本较低，且平带较薄，挠曲性好，适于高速传动，又因平带的柔性较好，故又适于平行轴的交叉传动和相错

轴的半交叉传动。其传动形式有三种，即：开口传动、交叉传动和半交叉传动。平带传动形式和有关参数计算如表 2-2-8 所示。

表 2-2-8　平带传动形式和相关参数

	开口式	交叉式	半交叉式
传动简图			
小带轮包角	$a \approx 180° - \frac{D_2 - D_1}{a} \times 60°$	$a \approx 180° + \frac{D_2 + D_1}{a} \times 60°$	$a \approx 180° + \frac{D_1}{a} \times 60°$
胶带几何长度	$L = 2a + \frac{\pi}{2}(D_1 + D_2) + \frac{(D_2 - D_1)^2}{4a}$	$L = 2a + \frac{\pi}{2}(D_1 + D_2) + \frac{(D_2 + D_1)^2}{4a}$	$L = 2a + \frac{\pi}{2}(D_1 + D_2) + \frac{D_1{}^2 - D_1{}^2}{2a}$

通常使用的平带是橡胶帆布带，另外还有皮革带、棉布带等。平带的接头一般应用图 2-2-10 示的几种方法。经胶合和缝合的接头，传动时冲击小，传动速度可以高一些。铰链带扣的接头传递的功率较大，但速度不能太高，否则会引起强烈的冲击和振动。当速度超过 30m/s 时，可采用轻而薄的高速传动带，通常是用涤纶纤维绳作强力层，外面用耐油橡胶粘合而成的无接头的环形带。

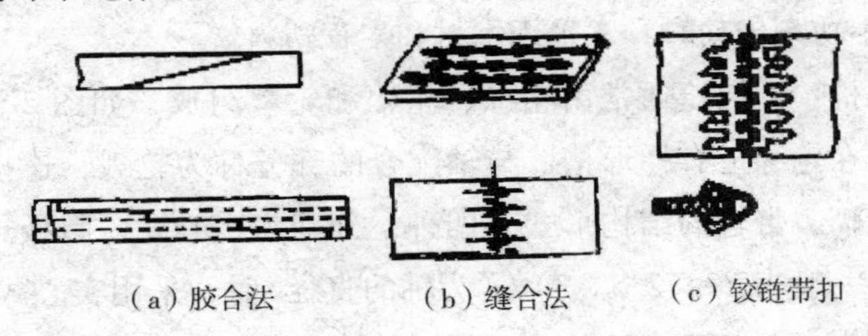

（a）胶合法　（b）缝合法　（c）铰链带扣

图 2-2-10　平带的接头方法

4. V 带传动

(1)普通 V 带

①V 带的结构：普通 V 带是无接头的环形带，截面形状为等腰梯形，两侧面为工作面，夹角。V 带分为帘布结构和线绳结构两种。如图 2-2-11 V 带由顶胶层 1、抗拉层 2、底胶层 3 和包布层 4 组成。顶胶层和底胶层均为橡胶；包布层由几层橡胶布组成，是带的保护层。帘布结构抗拉强度高，制造方便，一般场合采用帘布结构；而线绳结构比较柔软，适用于转速较高、带轮直径较小场合。

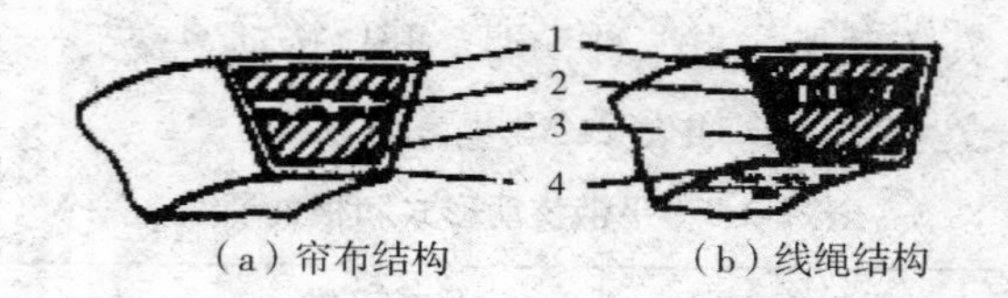

图 2-2-11　V 带的结构

②V 带的型号：V 带已标准化，按截面高度与节宽比值不同，V 带又可分为普通 V 带、窄 V 带、半宽 V 带和宽 V 带等多种形式。普通 V 带按截面尺寸由小到大分别为 Y、Z、A、B、C、D、E 七种型号，其中 E 型截面积最大，其传递功率也最大，生产现场中使用最多的是 A、B、C 三种型号。

③V 带的使用特点：V 带与平带传动一样，都是依靠传动带与带轮之间的摩擦力来传递运动和动力的。但 V 带是利用带和带轮梯形槽面之间的摩擦力来传递动力的，所以传递能力比平带大，一般在相同条件下，可增大 3 倍。因此，在同样条件下，V 带传动的结构较平带传动紧凑，故一般机械传动中广泛使用 V 带传动。但 V 带传动的效率低于平带传动，且价格较贵，寿命较短。V 带传动多采用开口式，它的传动比、带轮包角、基准长度计算均与开口平带相同。

（2）V 带带轮

①带轮材料：带轮常采用灰铸铁制造。当带轮圆周速度 $V \leqslant 30$m/s 时，常用 HT150 或 HT200 制造。转速较高时，用铸钢或轻合金，以减轻重量。低速转动 $V < 15$m/s 和小功率传动时，常采用木材和工程塑料。

②带轮结构：V 带轮通常由轮缘、轮辐和轮毂组成，如图 2-2-12。带轮的外圈是轮缘，在轮缘上有梯形槽，与轴配合的部分称为轮毂，连接轮毂与轮缘的部分称为轮辐。带轮的结构形式有四种，分别为实心式、腹板式、孔板式和轮辐式结构。一般当 $d \leqslant (2.5 \sim 3) d_0$（为轴的直径）时，采用实心式；$d \leqslant 250$mm 时，采用腹板式；$d < 400$mm 时，采用孔板式；$d > 400$mm 时，采用轮辐式。

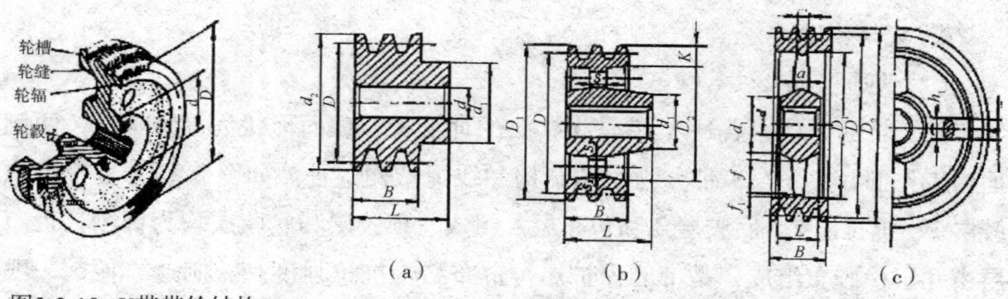

图2-2-12　V带带轮结构

图2-2-13　V带轮的轮辐结构

(二)台钻的清洁

(1)保护接地或接零线连接是否正确、牢固可靠。

(2)软电缆或软线是否完好无损。

(3)插头是否完整无损。

(4)台钻开关动作是否正常、灵活，有无缺陷、破裂。

(5)台钻电气保护装置是否良好。

(6)机械防护装置是否完好。

(7)转动部分是否转动灵活无障碍，并按规定润滑。

(8)做好检查缺陷整改，并做好各项检查记录。

(三)台钻的保养

(1)经常保持轴芯的光滑，不定时地打油保养。

(2)所有螺栓清洁后都要打油。

(3)查看电机的转动部位是否正常，钻轴转动的声音是否正常。

(4)检查时一定要用配套的工具来加固。

(5)观察机器的功能与性质有无变化。

(6)保养材料一般为黄油、机油、蜡。

学习情景三　汽车发动机的拆卸、安装与调试

情景引入

某顾客的桑塔纳汽车发动机发生故障，维修部的主管要求我们对该车的发动机进行拆卸、检查故障、维修、组装。

学习目标

在规定时间内完成发动机机械系统相应部件的拆卸、检查、安装和诊断等项目，作业时标准规范。对已完成的任务进行记录、存档和评价反馈，自觉保持安全和健康的工作环境。学习完本课程后，学生应当能够进行发动机机械系统维护、诊断和修理作业，包括：

1. 更换发动机传动皮带。
2. 更换发动机正时皮带或链条。
3. 检测和修理发动机汽缸盖和配气机构。
4. 检测与修理发动机汽缸体。
5. 检测和装配发动机曲柄连杆机构。
6. 检测和修理发动机冷却系。
7. 检测与修理发动机润滑系。
8. 更换发动机总成。
9. 诊断发动机动力不足的机械故障。

学习内容

学习任务一　发动机总体结构认识。

学习任务二　曲柄连杆机构的拆装。

学习任务三　配气机构的拆装。

学习任务四　喷油器、喷油泵的拆装。

学习任务五　冷却系的拆装。

学习任务六　润滑系的拆装。

学习任务七　发动机的总装。

学习任务一　发动机总体结构认识

工作任务卡见表 3-1-1。

表 3-1-1　工作任务卡

工作任务	发动机总体结构认识
任务目的与要求	1. 了解汽车发动机的各系统组成 2. 初步认识汽车发动机主要部件的名称、外形及安装联接 3. 初步了解汽车发动机的工作过程
任务内容	1. 汽车发动机的整体和主要部件的认识 2. 了解汽车发动机工作过程
设备条件	1. 装备齐全的汽油发动机和柴油发动机各 1 台 2. 拆散但机件齐备的汽油发动机和柴油发动机各 1 台 3. 透明能运转的发动机 1 台 4. 能运转的发动机解剖教具 1 台 5. 发动机及各系统的电动示教板 1 套
任务实施	1. 每班分成 3 个大组若干小组，分 3 个内容进行实训：一个大组进行汽车发动机整体及外围部件认识，一个大组进行发动机内部主要部件的认识，一个大组通过透明教具、解剖教具、电动示教板了解发动机及各系统的工作过程 2. 3 个大组依次进行轮换，分 3 次完成 3. 课内实训时以指导老师讲解、演示为主，学生提问进行教学互动。课外时间开放实训室，学生根据实训报告的要求，完成实训内容
备注	

一、相关知识点收集

引导问题：在工作任务之前，应了解哪些必备知识？填入表 3-1-2。

表 3-1-2　知识点收集表

序号	知识点	内容	资料来源	收集人

二、分组讨论

引导问题：

(1) 发动机各系统由哪几部分组成？简单描述各个部分的作用。

(2) 想想在日常生活中，发动机故障有哪些情况？

(3) 如果要拆装发动机需要哪些工具？

三、制订工作计划

引导问题：为了在短时间获得更多的学习资源以及资源共享，将本次学习任务分为 3 个部分，各部分由 1 ~ 2 名同学分别掌握，然后大家分享。为此需要按以下步骤进行。

1. 相关学习资源的收集

收集相关学习资料，并填入表 3-1-3。

表 3-1-3　学习资料收集表

班级：　　　　　　　　　　　　　组别：

序号	知识点	内容	资料来源	收集人
1	发动机各系统的组成			
2	发动机故障有哪些情况			
3	需要的拆装工具			

2. 现场学习与分享

结合发动机为本组同学讲解，填入表 3-1-4。

表 3-1-4　现场学习与分享登记表

序号	知识点	讲解人
1	发动机各系统的组成	
2	发动机故障有哪些情况	
3	需要的拆装工具	

3. 发动机拆卸步骤

发动机拆卸步骤方法，填入表 3-1-5。

表 3-1-5　发动机拆卸步骤

步骤	内容	分工	预期成果及检查项目

4. 实训设备、工具

引导问题：这些实训工具、辅料是什么规格？数量各是多少？谁负责领出、保管及归还？并记录在表 3-1-6 中。

表 3-1-6　实训设备、工具登记表

序号	名称	责任人
1	装备齐全的汽油发动机和柴油发动机各 1 台；	
2	拆散但机件齐备的汽油发动机和柴油发动机各 1 台；	
3	透明能运转的发动机 1 台；	
4	能运转的发动机解剖教具 1 台；	
5	发动机及各系统的电动示教板 1 套。	

四、执行工作计划

引导问题：如何实施？实施过程中如何组织与协调？谁负责记录？

发动机的拆卸步骤

拆卸时将发动机总成拆卸成以上几大部件。按照机器——总成——部件——组合件——零件的顺序进行拆卸。拆卸时注意校对装配标记，保证重新装配时能保持原样。拆卸各类螺纹连接件时按照专业的对称顺序来拆卸才能保证螺纹连接件的完整拆卸。

图 3-1-1　发动机结构

发动机的解体工作，是把从车架上拆下的发动机放在工作台上进行。

拆卸发动机正确步骤：

(1)将发动机直立放置，拆下进、排气歧管及汽缸盖出水管。

(2)拆下汽缸盖罩；拆下前后缸盖上的摇臂轴总成；拆下曲轴管通风管，拆除挺杆室盖；取下推杆；按次序取出挺杆，并同时标写出顺序号，便于装复时按顺序放回原位，以保持原摩擦副配对，免得搞错。

(3)拆下汽缸盖及衬垫，缸盖的螺栓和螺母应按原车规定的顺序拆卸。如无规定，应从两端向中间交叉均匀地拆卸。待螺栓和螺母全部拆下以后，可用木锤轻敲缸盖的四周，使其松动，然后用拆卸工具放入汽缸盖两端的气门导管孔内或用手平稳地将其拆下。注意，不允许用起子插缸盖，以免造成汽缸垫损坏。

(4)将发动机侧放，检查离合器盖和飞轮上有无记号，如无记号应当给补好。然后转动曲轴飞轮，沿离合器盖四周对称均匀地拆下八个离合器固定螺栓，取下离合器总成。

(5)撬平启动爪的锁紧垫片，拆下启动爪，取下锁片，用拉器拆下曲轴皮带轮和扭转减振器。拆皮带轮不允许用手锤敲打，以免皮带轮产生翘曲变形和破裂。

(6)拆下气门组。在气门关闭时，用气门弹簧钳将气门弹簧压缩，用起子拔下锁片(或用尖嘴钳夹下锁销)，然后放松气门弹簧钳，取下气门、气门弹簧及弹簧座。各缸的进、排气门应按顺序放好，以免错乱。

(7)拆下正时齿轮室盖和油底壳。

(8)检查正时齿轮上有无记号，如无记号应在两个齿轮上作出对应记号。转动凸轮轴正时齿轮，将齿轮上的两个圆孔对准凸轮轴止推突缘的固定螺栓，拆下两只螺栓，拆去分电器连接轴，抽出凸轮轴。

(9)拆下机油集滤器、机油泵出油管和机油泵。

(10)转动曲轴到最方便的位置，拆下连杆螺母，取下连杆轴承盖和轴承，用木锤推动连杆，从缸体上部取出活塞连杆总成。如汽缸磨损严重，缸壁上部出现台阶，应先用刮刀刮平，以免活塞连杆组总成在推出时产生困难和损坏活塞环。推出之后，要立即将连杆轴承盖和连杆用刚拆下的连杆螺栓、螺母装复，以免错乱。

(11)将缸体倒置，拆下全部主轴承盖，并依次将轴承放在各自的轴承盖内，抬出曲轴总成，然后把轴承盖连同轴承按各自序号装回缸体，并轻微拧上螺栓。

(12)拆下飞轮固定螺栓，将飞轮从曲轴突缘上拆下。

(13)拆下曲轴后端油封及飞轮壳。飞轮的固定螺栓是用合金钢制成的，螺栓头部有锻造环形标志，不可混用。

(14)分解活塞连杆组。用活塞环装卸钳拆下活塞环，如无活塞环装卸钳，可用两手大拇指将环口拔开少许(不得拔开过大，以防使环拆断)，用两中指护着活塞环的外圈，将活塞环拆下。

(15)拆卸活塞销，先用尖嘴钳将两端锁桥环拆下，用活塞销铣子将活塞销铣出。如是铝活塞应先将铝活塞放在水中加热到75～80℃，然后再铣出活塞销，以免活塞变形。

五、考核与评价

考评各组完成情况。

理论知识主要通过学生作业形式进行个人评价、小组互评和教师评价。实践操作则通过项目任务，根据各同学完成情况进行评价。并填写任务评价记录表3-1-7。

表 3-1-7　任务评价记录表

评价项目	评价内容	分值	个人评价	小组评价	教师评价	得分
理论知识	汽车发动机的整体和主要部件的认识	35				
	了解汽车发动机工作过程	35				
安全文明	遵守操作规程	5				
	“5S”现场管理（整理、整顿、清扫、清洁、素养）	5				
	职业化素养	5				
学习态度	考勤情况	5				
	遵守纪律	5				
	团队协作	5				
成果分享	不足之处					
	收获之处					
	改进措施					

注：①“个人评价”由小组成员评价。

②“小组评价”由实习指导老师给予评价。

③“教师评价”由任课教师评价。

六、知识拓展

1. 曲柄连杆机构

曲柄连杆机构是发动机实现工作循环，完成能量转换的传动机构。在做功行程中，活塞承受燃气压力在汽缸内作直线运动，通过连杆转换成曲轴的旋转运动，并从曲轴对外输出动力。而在进气、压缩和排气行程中，飞轮释放能量又把曲轴的旋转运动转化成活塞的直线运动。一般由机体组、活塞连杆组和曲轴飞轮组等组成（图 3-1-2）。

图 3-1-2　曲柄连杆机构

2. 配气机构

配气机构的功用是根据发动机的工作顺序和工作过程，定时开启和关闭进气门和排气门，使可燃混合气或空气进入汽缸，并使废气从汽缸内排出，实现换气过程。配气机构大多采用顶置气门式配气机构，一般由气门组、气门传动组和气门驱动组等组成(图 3-1-3)。

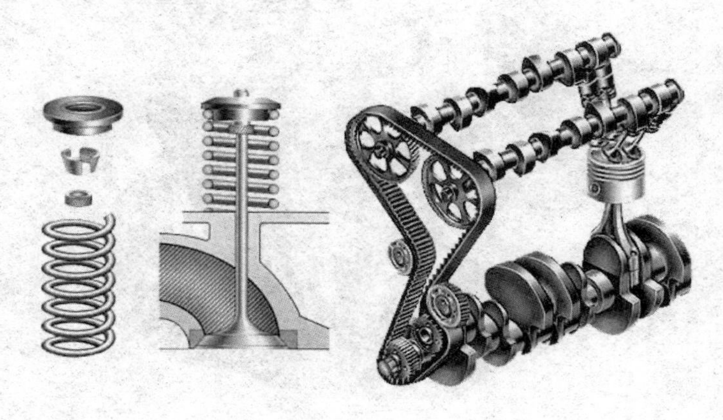

图 3-1-3　配气机构

3. 燃料供给系统

汽油机燃料供给系统的功用是根据发动机的要求，配制出一定数量和浓度的混合气，供入汽缸，并将燃烧后的废气从汽缸内排出到大气中去；柴油机燃料供给系的功用是把柴油和空气分别供入汽缸，在燃烧室内形成混合气并燃烧，最后将燃烧后的废气排出。一般由空气供给装置、燃油供给装置和废气排除装置等组成(图 3-1-4)。

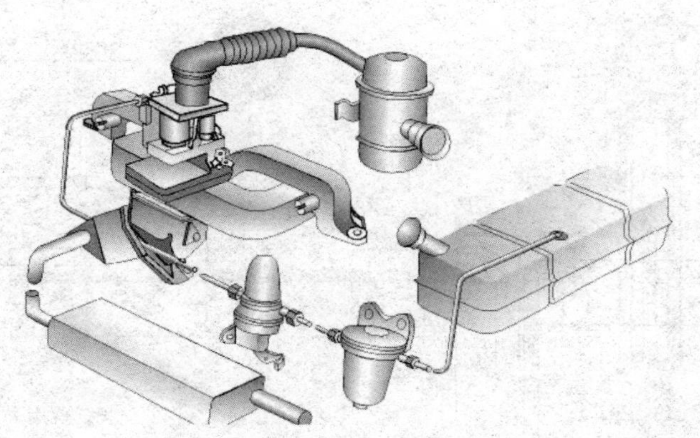

图 3-1-4　燃料供给系统

4. 润滑系统

润滑系统的功用是向作相对运动的零件表面输送定量的清洁润滑油，以实现液体摩擦，减小摩擦阻力，减轻机件的磨损。并对零件表面进行清洗和冷却。润滑系通常由润滑油道、机油泵、机油滤清器和一些阀门等组成(图 3-1-5)。

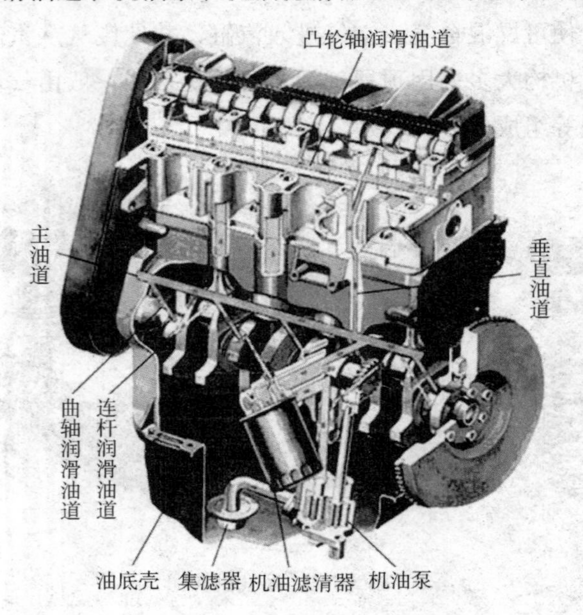

图 3-1-5　润滑系统

5. 冷却系统

冷却系统的功用是将发动机受热零部件吸收的多余热量及时散发出去，保证发动机在最适宜的温度状态下工作。水冷发动机的冷却系通常由冷却水套、水泵、风扇、水箱、节温器等组成(图 3-1-6)。

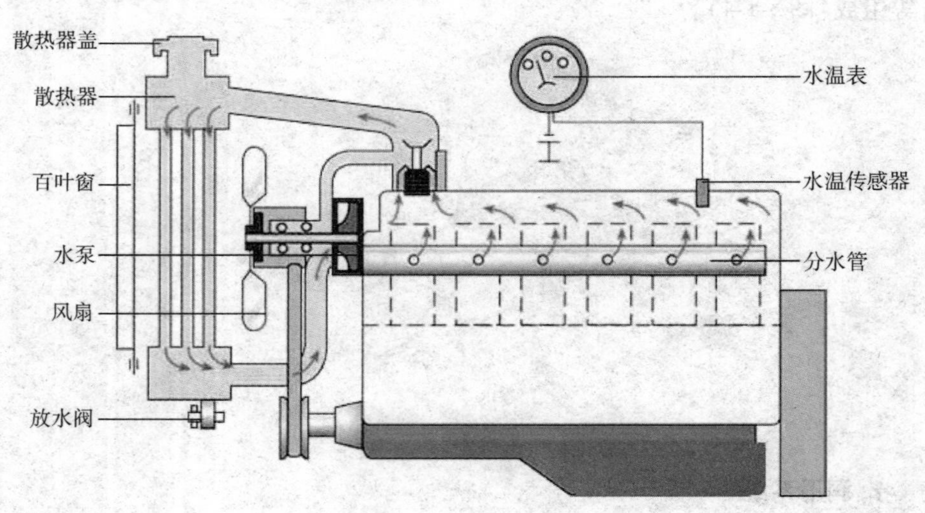

图 3-1-6　冷却系统

6. 点火系统

点火系统的功用是按照发动机的工作顺序定时产生足够强度的电火花把混合气点燃。点火系通常由蓄电池、发电机、分电器、点火线圈和火花塞等组成(图 3-1-7)。

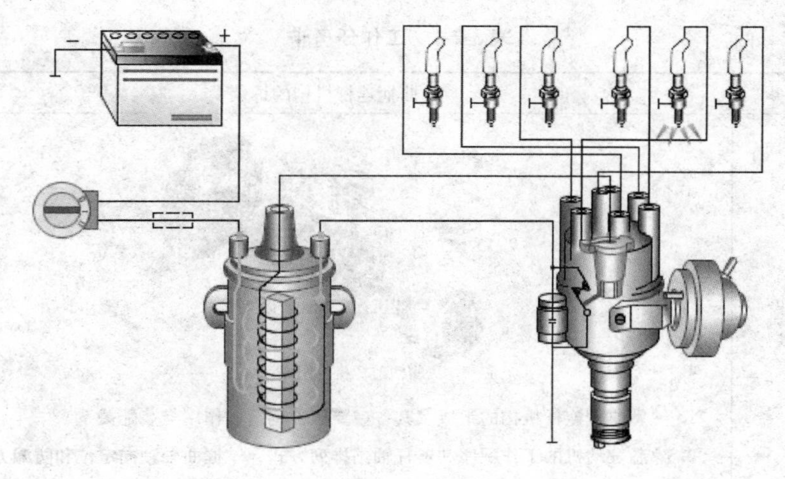

图 3-1-7　点火系统

7. 起动系统

要使发动机由静止状态过渡到工作状态，必须先用外力转动发动机的曲轴，发动机才能自行运转，工作循环才能自动进行。因此，曲轴在外力作用下从开始转动到发动机开始自动地怠速运转的全过程，称为发动机的起动。完成起动过程所需的装置，称为发动机的起动系(图 3-1-8)。

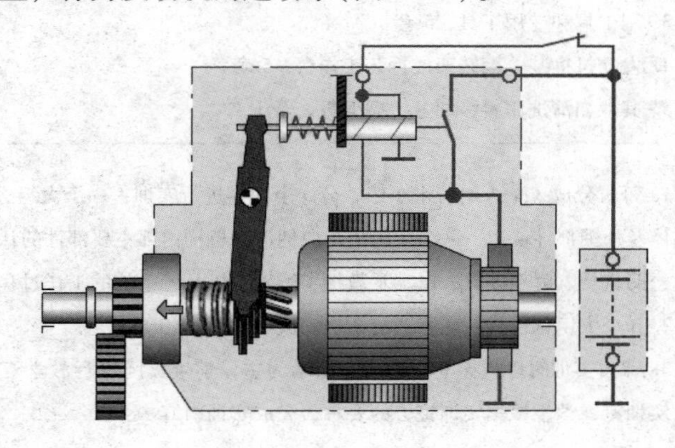

图 3-1-8　起动系统

学习任务二　曲柄连杆机构的拆装

工作任务卡见表 3-2-1。

表 3-2-1　工作任务卡

工作任务	曲柄连杆机构的拆装
任务目的与要求	曲柄连杆机构组成 1. 熟悉曲柄连杆机构的组成及其各主要机件构造、作用与装配关系 2. 熟悉发动机的工作顺序和连杆轴颈排列方式，掌握曲轴轴向定位和防漏方法 3. 掌握正确的拆装顺序、要求、方法
任务内容	1. 桑塔纳轿车发动机曲柄连杆机构的拆卸 2. 桑塔纳轿车发动机曲柄连杆机构的装配
设备条件	1. 桑塔纳发动机，3 台 2. EQ6100-1 型或 CA6102 型发动机，2 台 3. 用工具和专用工具，5 套 4. 发动机拆装、翻转架或拆装工作台，5 套 5. 其他如清洗用料，油盆、搁架等，若干
任务实施	1. 每班分成 3 个大组若干小组，分 3 个内容进行实训：一个大组进行曲柄连杆机构整体及外围部件认识，一个大组进行曲柄连杆机构内部主要部件的认识，一个大组通过透明教具、解剖教具、电动示教板了解发动机及各系统的工作过程 2. 3 个大组依次进行轮换，分 3 次完成 3. 课内实训时以指导老师讲解、演示为主，学生提问进行教学互动。课外时间开放实训室，学生根据实训报告的要求，完成实训内容
备注	

一、相关知识点收集

引导问题：在工作任务之前，应了解哪些必备知识？变填入表3-2-2。

表3-2-2　知识点收集表

序号	知识点	内容	资料来源	收集人

二、分组讨论

引导问题：

(1)曲柄连杆机构由哪几部分组成？简单描述各个部分的作用。

______

______

(2)常见的四杆机构的类型？如何辨别？

______

______

(3)如果要拆装曲柄连杆机构需要哪些工具？

______

______

三、制订工作计划

引导问题：为了在短时间获得更多的学习资源以及资源共享，将本次学习任务分为3个部分，各部分由1~2名同学分别掌握，然后大家分享。为此需要按以下步骤进行。

1. 相关学习资源的收集

收集相关学习资料，并填入表3-2-3。

表3-2-3　学习资料收集表

班级：　　　　　　　　　　　　　组别：

序号	知识点	内容	资料来源	收集人
1	曲柄连杆机构的组成			
2	常见的四杆机构的类型			
3	需要的拆装工具			

2. 现场学习与分享

结合发动机为本组同学讲解。并记录在表3-2-4。

表3-2-4　现场学习分享登记表

序号	知识点	讲解人
1	曲柄连杆机构的组成	
2	常见的四杆机构的类型	
3	需要的拆装工具	

3. 曲柄连杆机构拆卸步骤方法，填入表3-2-5。

表3-2-5　曲柄连杆机构拆卸步骤

步骤	内容	分工	预期成果及检查项目

4. 实训设备、工具

引导问题：这些实训工具、辅料是什么规格？数量各是多少？谁负责领出、保管及归还？并记录在表3-2-6。

表3-2-6　实训设备、工具使用记录表

序号	名称	责任人
1	桑塔纳发动机，3台	
2	EQ6100-1型或CA6102型发动机，2台	
3	用工具和专用工具，5套	
4	发动机拆装、翻转架或拆装工作台，5套	
5	其他如清洗用料，油盆、搁架等，若干	

四、执行工作计划

引导问题：如何实施？实施过程中如何组织与协调？谁负责记录？

曲柄连杆机构的拆装步骤如下。

1. 曲柄连杆机构的拆卸(以桑塔纳轿车为例)

(1)拆下气缸盖

①旋出气门罩盖的螺栓取下气门罩盖和挡油罩。

②松下张紧轮螺母，取下张紧轮。

③拆下进气、排气歧管。

④按要求顺序旋松气缸盖螺栓，并取下气缸盖和气缸盖衬垫。

⑤拆下火花塞。

(2)拆下并分解曲轴连杆机构

①拆下油底壳、机油滤网、浮子和机油泵。

②拆下曲轴带轮。

③拧下曲轴正时齿带轮固定螺栓，取下曲轴正时齿带轮。

④拧下中间轴齿带轮的固定螺栓，取下中间齿带轮；拆卸密封凸缘，取出中间轴。

⑤拆卸前油封和前油封凸缘。

⑥拆卸离合器压盘总成及飞轮总成，为保证其动平衡，应在飞轮与离合器壳上作装配记号。

⑦拆下活塞连杆组件。拆下活塞连杆组件前，应检查连杆大端的轴向间隙，该车极限间隙值为0.37mm，大于此值应更换连杆。拆下连杆轴承盖，将活塞连杆组从气缸中抽出。拆下活塞连杆组后，注意连杆与连杆大头盖和活塞上的记号应与气缸的序号一致。如无记号，则应重新打印。

⑧检查曲轴轴向间隙，极限轴向间隙为0.25mm，超过此值，应更换止推垫圈。

⑨按规定顺序松开主轴承盖螺栓，拆下主轴承盖，取下曲轴。

⑩分解活塞连杆组件。

2. 曲柄连杆机构的装配

曲柄连杆机构的装配质量直接关系到发动机的工作性能，因此，装合时须注意下列事项：

①各零部件应彻底清洗，压缩空气吹干，油道孔保持畅通；

②对于一些配合工作面(如汽缸壁、活塞、活塞环、轴颈和轴承、挺杆等)，装合前要涂以润滑油。

③对于有位置、方向和平衡要求的机件，必须注意装配记号和平衡记号，确保安装关系正确和动平衡要求，如正时链条、链轮、活塞、飞轮和离合器总成等。

④螺栓、螺母必须按规定的力矩分次按序拧紧。螺栓、螺母、垫片等应齐全，以满足其完整性和完好性。

⑤使用专用工具。

安装顺序一般和拆卸顺序相反。

(1)活塞连杆组的装合

①将同一缸号的活塞和连杆放在一起，如连杆无缸号标记，应在连杆杆身上打所属缸号标记。

②将活塞顶部的朝前“箭头”标记和连杆杆身上的朝前“浇铸”标记对准。

③将涂有机油的活塞销，用大拇指压入活塞销孔和连杆铜套中，如压不进去，可用热装合法装配。

④活塞销装上后，要保证其与铜套的配合间隙为0.003～0.008mm，经验检验法是用手晃动活塞销与销孔铜套无间隙感，活塞销垂直向下时又不会从销孔或铜套中滑出(注意铜套与连杆油孔对正)。

⑤安装活塞销卡环。

⑥用活塞环专用工具安装活塞环，先装油环，再装第二道环，最后装第一道环，环的上下面不能装错，标记“TOP”朝活塞顶。

⑦检查活塞环的侧隙、端隙。

(2)曲轴的安装

①将有油槽的上轴瓦装入缸体，使轴承上油槽与缸体上轴承座上的油道口对正。注意上、下轴承不能装反，第三道轴承为推力轴承，然后将各道轴承涂上少许润滑油。

②将曲轴平稳地放入缸体轴承孔。

③插入半圆止推环(曲轴第三道环主轴颈上)，注意上下环不能装错，有开口的用于汽缸体且开口必须朝轴承。

④按轴承盖上打印的1、2、3、4、5标记，由前向后顺序安装。

⑤曲轴轴承盖螺栓应由中间向两边交叉、对称，分3次拧紧，最后紧固力矩为65N·m。轴承盖紧固后，曲轴转动应平滑自如，其3号轴承轴向间隙应为0.07～0.17mm，径向间隙应为0.030～0.080mm。

⑥安装带轮端曲轴油封和飞轮端曲轴油封。

⑦装入中间轴，检查其轴向间隙应小于0.25mm，径向间隙为0.025～0.066mm为合格。

⑧安装飞轮，使用涂有D6防松胶的螺栓紧固，紧固力矩为75N·m。

(3)活塞连杆组装入汽缸

①将活塞环开口错开120°。

②用活塞环卡箍收紧各道活塞环，将活塞连杆组平稳、小心地插入汽缸，装配时注意活塞顶部的箭头应朝向发动机前端。

③安装轴承及轴承盖。轴承安装时应注意其定位及安装位置；连杆盖安装时也应注意安装标记和缸号不能装错，然后交替拧紧连杆螺栓，紧固力矩为30N·m，紧固后再转动180°。

④检查连杆大端的轴向间隙，应在0.08～0.24mm之间。

(4)汽缸盖的安装

①安装气门、凸轮轴和油封等。

②安放汽缸盖衬垫时，应检查其技术状况，注意安装方向，标有“OPEN-TOP”的字样应朝向汽缸盖。

③将定位螺栓旋入第8号和第10号孔。

④放好汽缸盖，用手拧入其余8个螺栓，再旋出两个定位螺栓，最后再旋入8和10号螺栓。

⑤按规定顺序由中间向两边交叉对称分4次拧紧，拧紧规定力矩。

⑥安装缸盖时，曲轴不可置于上止点(否则可能会损伤气门或活塞顶部)，应在曲轴任何一个连杆轴颈处于上止点后，再倒转1/4转。

⑦安装气门罩盖，其紧固力矩为10N·m。

五、考核与评价

1. 考评各组完成情况。

理论知识主要通过学生作业形式进行个人评价、小组互评和教师评价。实践操作则通过项目任务，根据各同学完成情况进行评价，并填写任务评价记录表(见表3-2-7)。

表3-2-7　任务评价记录

评价项目	评价内容	分值	个人评价	小组评价	教师评价	得分
理论知识	了解曲柄连杆机构的结构组成及工作原理	10				
实践操作	曲柄连杆机构的拆卸(拆卸顺序正确，零件排列有序)	20				
	清理曲柄连杆机构部件(各部件清洗干净，丝杠、螺母涂润滑油，其他螺钉涂防锈油后安装)	20				
	曲柄连杆机构的装配(安装后，使用要灵活)	20				

续表

评价项目	评价内容	分值	个人评价	小组评价	教师评价	得分
安全文明	遵守操作规程	5				
	“5S”现场管理（整理、整顿、清扫、清洁、素养）	5				
	职业化素养	5				
学习态度	考勤情况	5				
	遵守纪律	5				
	团队协作	5				
成果分享	不足之处					
	收获之处					
	改进措施					

注：①“个人评价”由小组成员评价。

②“小组评价”由实习指导老师给予评价。

③“教师评价”由任课教师评价。

六、知识拓展

1. 曲柄连杆机构组成

曲柄连杆机构组成及各部分名称，见图 3-2-1。

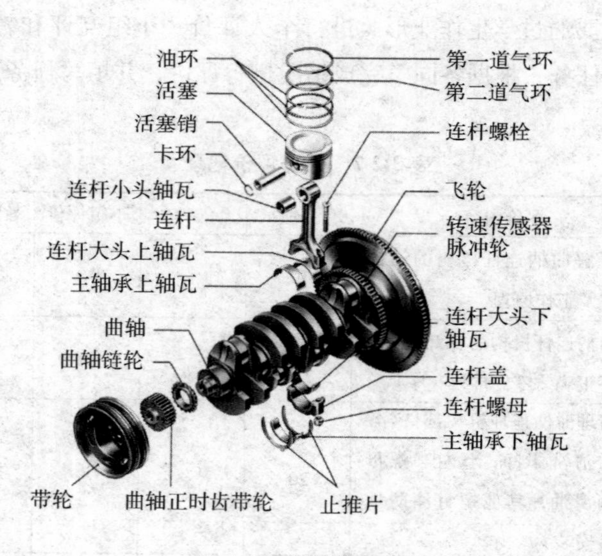

图 3-2-1　曲柄连杆机构

2. 活塞连杆组

活塞连杆组，各部分名称见图 3-2-2。

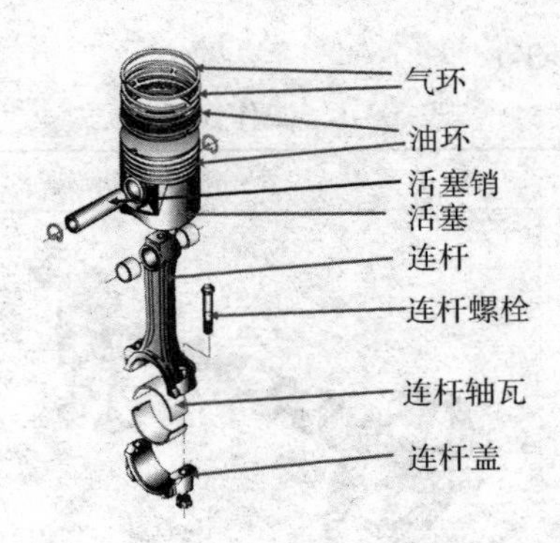

图 3-2-2　活塞连杆组

3. 曲轴飞轮组

曲轴飞轮组，见图 3-2-3。

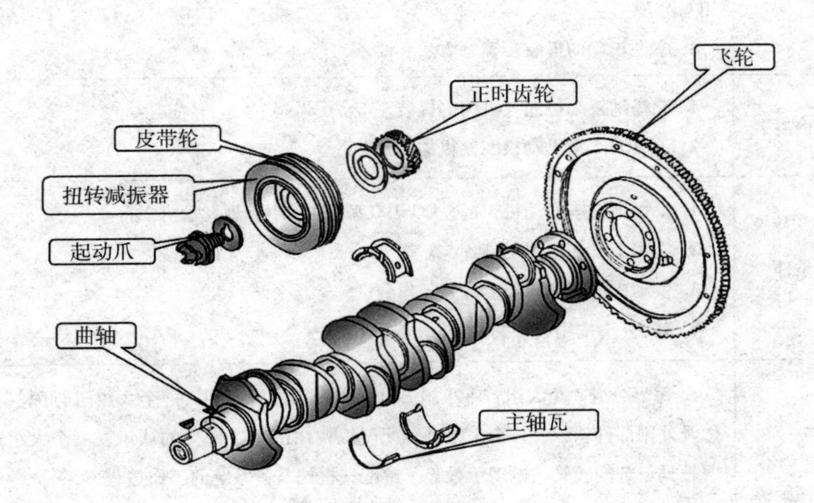

图 3-2-3　曲轴飞轮组

学习任务三　配气机构的拆装

工作任务卡，见表 3-3-1。

表 3-3-1　工作任务卡

工作任务	配气机构的拆装
任务目的与要求	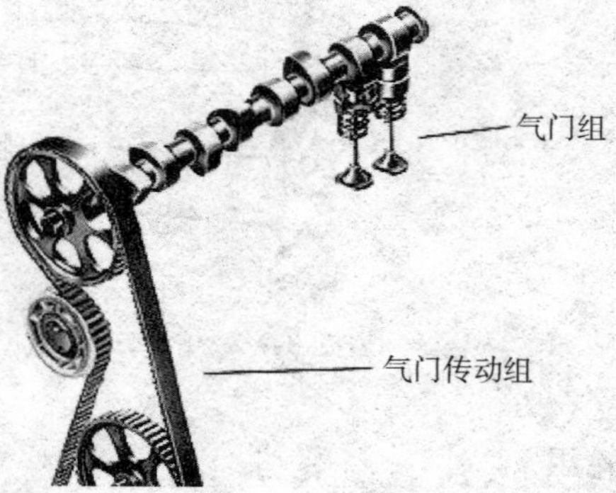 气门组 气门传动组 1. 熟悉顶置气门式配气机构的组成，气门组和气门传动组各主要机件的构造、作用与装配关系 2. 掌握正确的拆装步骤、方法和要求
任务内容	1. 桑塔纳发动机配气机构的拆装 2. EQ6100-1 型发动机配气机构的拆装
设备条件	1. 桑塔纳轿车发动机 3 台，EQ6100 型或 CA6102 型发动机 2 台 2. 常用工具和专用工具各，5 套 3. 发动机拆装翻转架或拆装工作台，5 套 4. 其它(清洗用料、搁架等)，若干
任务实施	1. 每班分成 3 个大组若干小组，分 3 个内容进行实训：一个大组进行配气机构整体及外围部件认识，一个大组进行配气机构内部主要部件的认识，一个大组通过透明教具、解剖教具、电动示教板了解配气机构及各系统的工作过程 2. 3 个大组依次进行轮换，分 3 次完成 3. 课内实训时以指导老师讲解、演示为主，学生提问进行教学互动。课外时间开放实训室，学生根据实训报告的要求，完成实训内容
备注	

一、相关知识点收集

引导问题：在工作任务之前，应了解哪些必备知识？填入表3-3-2。

表3-3-2　知识点收集

序号	知识点	内容	资料来源	收集人

二、分组讨论

引导问题：

(1)配气机构由哪几部分组成？简单描述各个部分的作用。

____

____

(2)想想在日常生活中，配气机构故障有哪些情况？

____

____

(3)如果要拆装配气机构需要哪些工具？

____

____

三、制订工作计划

引导问题：为了在短时间获得更多的学习资源以及资源共享，将本次学习任务分为3个部分，各部分由1～2名同学分别掌握，然后大家分享。为此需要按以下步骤进行。

1. 相关学习资源的收集

收集相关学习资源，并填入表3-3-3。

表3-3-3　学习资料收集表

班级：　　　　　　　　　　　　　　组别：

序号	知识点	内容	资料来源	收集人
1	配气机构的组成			
2	配气机构常见故障			
3	需要的拆装工具			

2. 现场学习与分享

结合发动机为本组同学讲解，并记录在表 3-3-4。

表 3-3-4　曲柄连杆机构拆卸步骤

序号	知识点	讲解人
1	配气机构的组成	
2	配气机构常见故障	
3	需要的拆装工具	

3. 曲柄连杆机构拆卸步骤方法，并填入表 3-3-5。

表 3-3-5　曲柄连杆机构拆卸步骤

步骤	内容	分工	预期成果及检查项目

4. 实训设备、工具

引导问题：这些实训工具、辅料是什么规格？数量各是多少？谁负责领出、保管及归还？并记录在表 3-3-6 中。

表 3-3-6　实训设备、工具使用记录表

序号	名称	责任人
1	桑塔纳轿车发动机 3 台，EQ6100 型或 CA6102 型发动机 2 台	
2	常用工具和专用工具各，5 套	
3	发动机拆装翻转架或拆装工作台，5 套	
4	其他清洗用料、搁架等，若干	

四、执行工作计划

引导问题：如何实施？实施过程中如何组织与协调？谁负责记录？

配气机构的拆卸步骤如下。

1. 顶置气门上置凸轮轴式配气机构的拆装

以桑塔纳车为例：

（1）配气机构的分解

①卸下凸轮轴轴承盖紧固螺母，其顺序是先松第1、3、5轴承盖，之后对角交替旋松2、4轴承盖螺母，取出凸轮轴。

②取出液力挺柱，用专用工具或自制工具压下气门弹簧座，取出气门锁片和内外气门弹簧，以及气门油封和气门。

（2）配气机构的装配

①安装气门：安装气门前应检查气门和导管的配合间隙为0.035～0.070mm。气门导管装上新的气门油封。安装气门油封时，要套上塑料管，再用专用工具压入。然后装上气门弹簧座，在气门杆部涂以机油，插入气门导管（注意不要损伤油封，最后装上气门弹簧（弹簧旋向相反）和锁片，锁片装好后，用塑料锤轻敲几下，以确保锁止可靠。

②安装凸轮轴和油封：

a. 安装好桶式液力挺柱，装好凸轮半圆键，将凸轮轴颈涂少许润滑油放入缸盖各轴承座上。

b. 安装凸轮时，第一缸的凸轮必须朝上。

c. 安装凸轮轴轴承盖时，注意轴孔上下两半对准。

d. 先对角交替拧紧4、2轴承盖，然后再交替拧紧5、3、1轴承盖，拧紧力矩为20N·m。

e. 凸轮轴与支承孔间隙为0.06～0.08mm，轴向间隙应小于0.15mm。

f. 在密封圈唇边和外圈涂油，将密封圈平压入，注意不要压到底，否则会堵塞油道。

g. 放入半圆键，安装凸轮轴正时齿轮，并用80N·m的转矩加以紧固。

h. 注意：安装凸轮轴时，第一缸的凸轮必须朝上；凸轮轴转动时，曲轴不可置于上止点，否则会损坏气门或活塞顶部。

（3）正时齿形带和齿轮的装配

先把齿形带套在曲轴和中间轴正时齿轮上，装上皮带轮，使凸轮轴正时齿形带轮上的标记“O”与左侧（向前看）气门室盖平面对齐（桑塔纳2000型轿车发动机齿形带轮上“OT”标记与气室护板上“↓”对齐，使三角皮带上的上止点记号和中间轴齿形带轮上的记号对齐（桑塔纳2000型轿车发动机中间齿形带轮上“OT”标记与气室护板上“↓”对齐）然后将齿形带也套在凸轮轴正时带轮上；顺时针转动张紧轮，以张紧齿形带，以用手指捏在齿形带中间(齿轮轴正时齿带轮和中间轴正时齿带轮中间)刚好可翻转90°为止；用45N. m的转矩紧固张紧轮固定螺母，然后转动曲轴两圈，检查调整是否正确；最后装上正时齿带轮护罩。

2. 顶置气门下置凸轮轴式配气机构的拆装

以 EQ6100-1 型发动机为例。

(1)气门组的拆卸

①从发动机上拆去与燃料供给系、点火系等系统有关部件。

②拆卸前、后气门室及摇臂机构，取出推杆。

③拆下气缸盖。

④用气门弹簧钳拆卸气门弹簧，依次取出锁片、弹簧座、弹簧和气门。锁片应用尖嘴钳取出，不得用手取出。将拆下的气门做好相应标记，按顺序放置。

⑤解体摇臂机构。

(2)气门传动组的拆卸

①拆下油底壳、机油泵及其传动机件。

②拆卸挺柱室盖及密封垫，取出挺柱并依缸按顺序放置，以便对号安装(CA6102 型发动机挺柱装在挺柱导向体中，导向体可拆卸，拆装时须注意装配标记)。

③拆下起动爪，用拉器拆卸皮带轮。

④拆下正时齿轮室盖及衬垫。

⑤检查正时齿轮安装记号，如无记号或记号不清，应做出相应的装配记号(一缸活塞位于压缩行程上止点时)。

⑥拆下凸轮轴止推凸缘固定螺钉，平稳地将凸轮轴抽出(正时齿轮可不拆卸)。

(3)清洁和熟悉各部件

清洗各零部件，熟悉各零部件的具体构造和装配关系。

(4)顶置气门式配气机构的安装

①安装前各零部件应保持清洁并按顺序放好。

②安装凸轮轴：先装上正时齿轮室盖板，润滑凸轮轴轴颈和轴承，转动曲轴，在第一缸压缩上止点时，对准凸轮轴正时齿轮和曲轴正时齿轮上的啮合记号，平稳地将凸轮轴装入轴承孔内；紧固止推突缘螺钉，再转动曲轴，复查正时齿轮啮合情况并检查凸轮轴轴向间隙；最后堵上凸轮轴轴承座孔后端的堵塞(堵塞外圆柱面应均匀涂以硝基胶液)。

③安装气门挺柱。安装挺柱时，挺柱上应涂以润滑油并对号入座。挺柱装入后，应能在挺柱孔内均匀自由地上下移动和转动。

④装复正时齿轮室盖、曲轴皮带轮及起动爪。

⑤装复机油泵及其附件，装复油底壳。

⑥气门组的装配。润滑气门杆，按记号将气门分别装入气门导管内。然后翻转缸盖，装上气门弹簧、挡油罩和弹簧座。用气门弹簧钳分别压紧气门弹簧，装上锁片（锁片装入后应落入弹簧座孔中，并使两瓣高度一致，固定可靠）。

⑦安装汽缸盖。

⑧摇臂机构的装配：摇臂机构的安装步骤及注意事项如下。

a. 对摇臂、摇臂轴、摇臂轴支座等要清洗干净，并检查这些机件的油孔是否畅通。

b. 将摇臂轴涂以润滑油，按规定次序将摇臂轴支座、摇臂、定位弹簧等装在摇臂轴上。安装时，EQ6100-1 型发动机摇臂轴上的油槽要向下，出油孔向上偏发动机左侧，即进排气道一侧，如装反则摇臂机构润滑不良。

c. 将推杆放入挺柱凹座内，摇臂上的气门间隙调整螺栓拧松，以免固定支座螺栓时把推杆压弯。然后固定摇臂机构，自中间向两端均匀固定，达到规定的拧紧力矩。EQ6100-1 型发动机摇臂轴支座的拧紧力矩为 29 ~ 39N · m；CA6102 型发动机摇臂轴支座的拧紧力矩中间为 29 ~ 30N · m，两端为 20 ~ 30N · m。

d. 支座固定后，摇臂应能转动灵活。

⑨装复汽油泵、分电器等发动机外部有关机件。

（5）调整气门间隙。安装完毕。

五、考核与评价

考评各组完成情况。

理论知识主要通过学生作业形式进行个人评价、小组互评和教师评价。实践操作则通过项目任务，根据各同学完成情况进行评价，并记录在表 3-3-7。

表 3-3-7　任务评价记录

评价项目	评价内容	分值	个人评价	小组评价	教师评价	得分
理论知识	了解配气机构的结构组成及工作原理	10				

续表

评价项目	评价内容	分值	个人评价	小组评价	教师评价	得分
实践操作	配气机构的拆卸（拆卸顺序正确，零件排列有序）	20				
	清理配气机构部件（各部件清洗干净，丝杠、螺母涂润滑油，其他螺钉涂防锈油后安装）	20				
	配气机构的安装（安装后，使用要灵活）	20				
安全文明	遵守操作规程	5				
	“5S”现场管理（整理、整顿、清扫、清洁、素养）	5				
	职业化素养	5				
学习态度	考勤情况	5				
	遵守纪律	5				
	团队协作	5				
成果分享	不足之处					
	收获之处					
	改进措施					

注：①“个人评价”由小组成员评价。

②“小组评价”由实习指导老师给予评价。

③“教师评价”由任课教师评价。

六、知识拓展

1. 配气机构的作用

配气机构是进气、排气管道的控制机构，它按照汽缸的工作顺序和工作过程的要求，准时地开闭进气门、排气门、向汽缸供给可燃混合气（汽油机）或新鲜空气（柴油机）并及时排出废气；当进气门、排气门关闭时，保证汽缸密封。

2. 配气机构的组成

（1）气门组（图 3-3-1）。

（2）气门传动组（图 3-3-2）。

3. 配气机构的分类

（1）按气门的布置位置分类（图 3-3-3）。

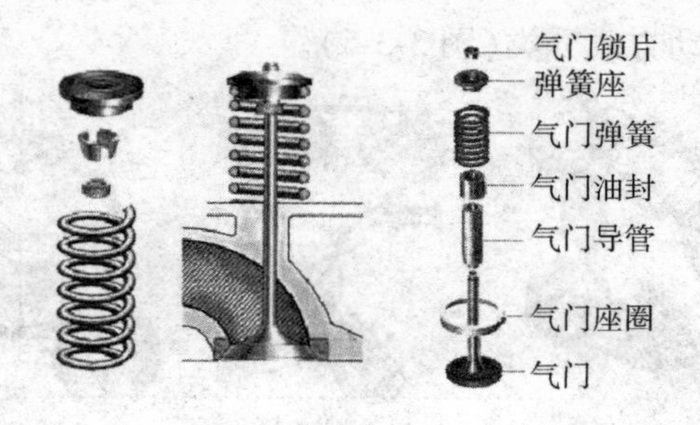

图 3-3-1　气门组

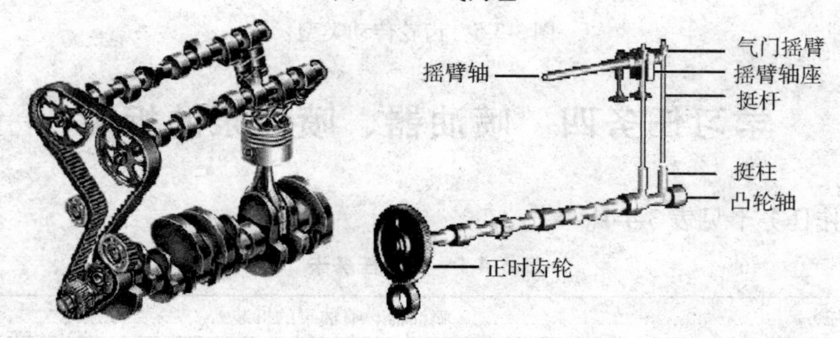

图 3-3-2　气门传动组

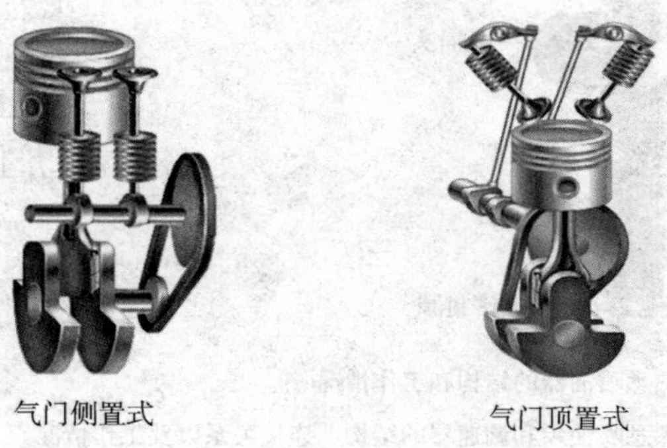

图 3-3-3　气门布置类型

(2)按凸轮轴的位置分类(图 3-3-4)。

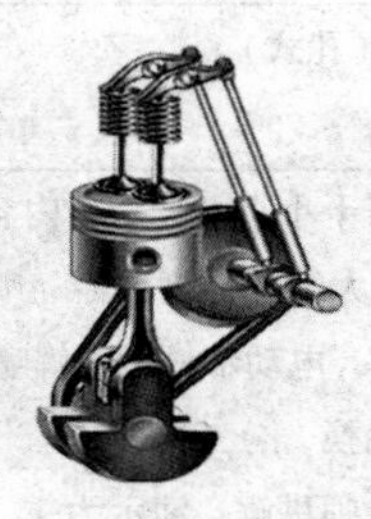

图 3-3-4　凸轮轴位置分类

(3)按凸轮轴传动方式分类(图 3-3-5)。

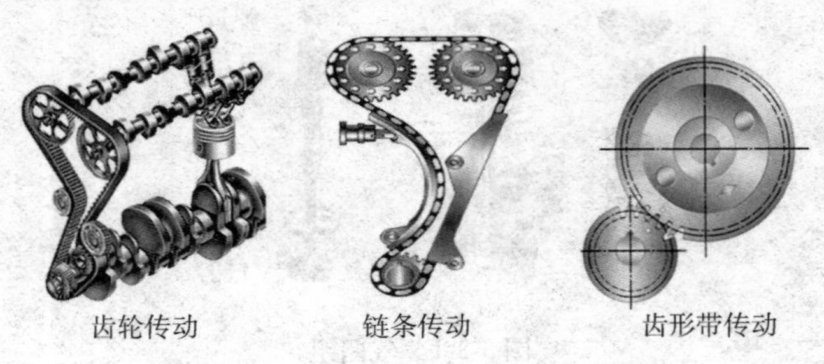

图 3-3-5　齿轮传动类型

学习任务四　喷油器、喷油泵的拆装

工作任务卡见表 3-4-1。

表 3-4-1　工作任务卡

工作任务	喷油器、喷油泵的拆装
任务目的与要求	O形密封圈 电插头 O形密封圈 滤网 插头 线圈 回位弹簧 衔铁 阀体 针阀 1. 熟悉喷油器的结构和工作情况 2. 熟悉喷油泵和调速器的结构、连接关系以及工作情况 3. 掌握正确的拆装顺序与方法
任务内容	喷油器的拆装、喷油泵及调速器拆装
设备条件	1. Ⅱ号喷油泵，喷油器(孔式) 2. 常用具及专用拆装台
任务实施	1. 每班分成三个大组若干小组，分三个内容进行实训：一个大组进行配气机构整体及外围部件认识，一个大组进行喷油器、喷油泵内部主要部件的认识，一个大组通过透明教具、解剖教具、电动示教板了解喷油器、喷油泵及各系统的工作过程 2. 三个大组依次进行轮换，分三次完成 3. 课内实训时以指导老师讲解、演示为主，学生提问进行教学互动。课外时间开放实训室，学生根据实训报告的要求，完成实训内容
备注	

一、相关知识点收集

引导问题：在工作任务之前，应了解哪些必备知识？并填写表3-4-2。

表3-4-2　知识点收集表

序号	知识点	内容	资料来源	收集人

二、分组讨论

引导问题：

(1)喷油器由哪几部分组成？简单描述各个部分的作用。

(2)喷油器的工作原理？

(3)如果要拆装喷油器、喷油泵需要哪些工具？

三、制订工作计划

引导问题：为了在短时间获得更多的学习资源以及资源共享，将本次学习任务分为3个部分，各部分由1~2名同学分别掌握，然后大家分享。为此需要按以下步骤进行。

1. 相关学习资源的收集

收集相关学习资料，并填写表3-4-3。

表3-4-3　学习资料收集表

班级：　　　　　　　　　　　　组别：

序号	知识点	内容	资料来源	收集人
1	喷油器、喷油泵的组成			
2	喷油器、喷油泵常见故障			
3	需要的拆装工具			

2. 现场学习与分享

结合喷油器、喷油泵为本组同学讲解，并记录在表3-4-4。

表3-4-4 现场学习与分享登记表

序号	知识点	讲解人
1	喷油器、喷油泵的组成	
2	喷油器、喷油泵常见故障	
3	需要的拆装工具	

3. 喷油器、喷油泵拆卸步骤方法，并记录在表3-4-5中。

表3-4-5 喷油器、喷油泵拆卸步骤

步骤	内容	分工	预期成果及检查项目

4. 实训设备、工具

引导问题：这些实训工具、辅料是什么规格？数量各是多少？谁负责领出、保管及归还？并记录在表3-4-6中。

表3-4-6 实训设备、工具使用记录表

序号	名称	责任人
1	Ⅱ号喷油泵、喷油器(孔式)	
2	常用工具及专用拆装台	

四、执行工作计划

引导问题：如何实施？实施过程中如何组织与协调？谁负责记录？

1. 喷油器、喷油泵的拆卸步骤如下。

喷油器的正确拆装步骤。

(1)喷油器的拆卸步骤

①拆除高压过渡管：拆下油缸对应的高压油管，拆下高压过渡管压紧螺母，用专用工具 3164025 拔出高压过渡管，高压过渡管的位置如图 3-4-1。

图 3-4-1　高压过渡管的位置

②拆除排气门摇臂。

③拆下喷油器压板。

④用撬棒撬出喷油器。

(2) 喷油器的安装步骤

①将喷油器正确入座。

②预紧喷油器压板固定螺栓。

③将高压过渡管入座。

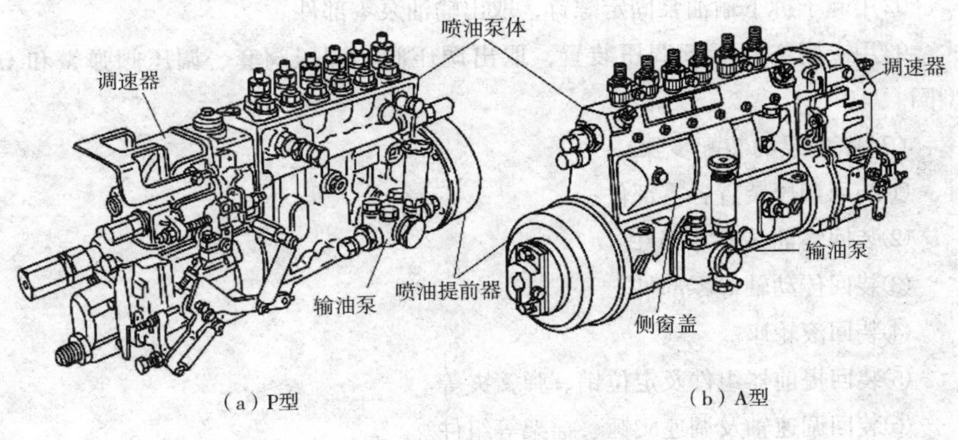

图 3-4-2　直列柱塞式喷油泵

④预紧高压过渡管压紧螺母。

⑤紧固喷油器压板螺栓到最后的扭矩。

⑥安装摇臂，调整所拆摇臂的气门间隙。

⑦安装其他的元件，恢复发动机。检查有无泄漏。

⑧调整所拆摇臂的气门间隙。

2. 喷油泵的正确拆装步骤

(1)喷油泵的拆卸步骤(如图3-4-2为直列柱塞式喷油泵)

①拆卸油泵传动齿轮、拆卸回油管、拆卸泵盖。

②取出调速弹簧部件。

③拆卸泵头组件，从泵头上拆下导向销、垫片、弹簧座及支撑弹簧、取出柱塞、油量控制套筒、弹簧下座、柱塞及柱塞调整垫片。

④拆卸出油阀井座、取出出油阀偶件、出油阀弹簧、垫片。

⑤拆卸断油电磁阀，取出电磁阀芯。

⑥从泵体内取出调整垫片、平面凸轮圈、弹簧和滚轮组件。

⑦用专用工具拆卸油泵壳体两侧的三角支撑螺钉，取出调速摇架。

⑧旋松调速轴紧固螺钉，旋出调速轴，取出调速器齿轮、飞块、调速滑套、垫片等零部件。

⑨取出十字联轴节，用尖嘴钳取出弹簧夹、定位销取出滚轮座。

⑩拆卸提前器两侧端盖，取出提前器弹簧、活塞和O型圈。

⑪取出传动轴、垫片、齿轮和橡胶减震块。

⑫用起子拆下输油泵固定螺钉，取出输油泵零部件。

⑬用专用工具拆下调压装置，取出调压阀、调压阀套、调压阀弹簧和O型圈。

(2)喷油泵的装配步骤

①装回调压装置各零部件。

②装回输油泵各零部件。

③装回传动轴等零部件。

④装回滚轮座。

⑤装回提前器组件及定位销、弹簧夹等。

⑥装回调速轴及调速飞锤、摇架等组件。

⑦装回断油电磁阀组件。

⑧装回出油阀组件。

⑨装回泵头组件各零部件。

⑩装回十字联轴节、滚轮、平面凸轮圈、弹簧、调整垫片等。

⑪装回泵头总成。

⑫装回调速弹簧组件。

⑬装回喷油泵盖。

⑭装回调速手柄。

⑮装回回油管。

⑯装回传动齿轮。

五、考核与评价

考评各组完成情况。

理论知识主要通过学生作业形式进行个人评价、小组互评和教师评价。实践操作则通过项目任务，根据各同学完成情况进行评价，并填写任务评价表3-4-7。

表3-4-7　任务评价记录表

评价项目	评价内容	分值	个人评价	小组评价	教师评价	得分
理论知识	了解喷油器、喷油泵的结构组成及工作原理	10				
实践操作	喷油器、喷油泵的拆卸（拆卸顺序正确，零件排列有序）	20				
	清理喷油器、喷油泵部件（各部件清洗干净，丝杠、螺母涂润滑油，其他螺钉涂防锈油后安装）	20				
	喷油器、喷油泵的安装（安装后，使用要灵活）	20				
安全文明	遵守操作规程	5				
	“5S”现场管理（整理、整顿、清扫、清洁、素养）	5				
	职业化素养	5				
学习态度	考勤情况	5				
	遵守纪律	5				
	团队协作	5				

续表

评价项目	评价内容	分值	个人评价	小组评价	教师评价	得分
成果分享	不足之处					
	收获之处					
	改进措施					

注：①“个人评价”由小组成员评价。

②“小组评价”由实习指导老师给予评价。

③“教师评价”由任课教师评价。

六、知识拓展

（一）回油孔调节式喷油泵

喷油泵是汽车柴油机上的一个重要组成部分。喷油泵总成通常是由喷油泵、调速器等部件安装在一起组成的一个整体。其中调速器是保障柴油机的低速运转和对最高转速的限制，确保喷射量与转速之间保持一定关系的部件。而喷油泵则是柴油机最重要的部件，被视为柴油发动机的“心脏”部件，它一旦出问题会使整个柴油机工作失常。

1. 单体泵的结构

单体泵是指每个汽缸各设一个喷油泵，如图 3-4-3。其主要部件有：柱塞与套筒、油量调节机构、柱塞弹簧组件、排油阀偶件、喷油泵传动机构。

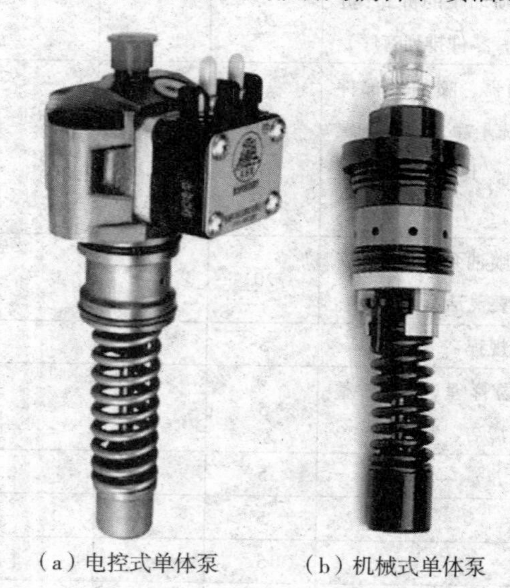

（a）电控式单体泵　　（b）机械式单体泵

图 3-4-3　单体泵的结构

2. 喷油泵传动机构

喷油泵传动机构由凸轮轴、凸轮、滚轮、顶头、顶头调节螺钉和锁紧螺母等组成(图 3-4-4)。

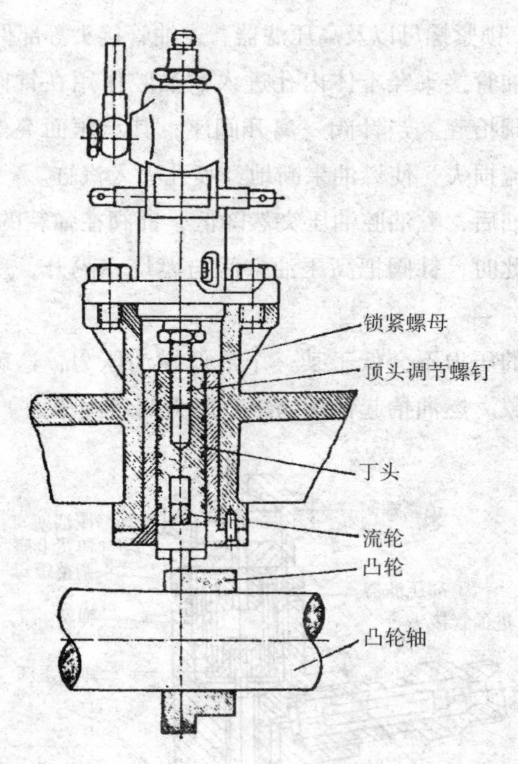

图 3-4-4　喷油泵传动机构

作用：驱动柱塞上行压油。柱塞的下行吸油则是靠柱塞弹簧弹力来完成的。

喷油泵的供油提前角是指柱塞上行关闭回油孔开始供油时，该缸曲柄距上止点的相应转角。

供油提前角主要取决于凸轮在凸轮轴圆周方向的安装位置、传动齿轮(或链条链轮)的安装情况、泵座垫片厚度和调节螺钉的旋出高度等。

调节螺钉主要用来调整柱塞前导程，也可用以微量调节供油提前角，以补偿喷油泵各零件在制造、安装及磨损造成的差异，确保供油提前角相同。

(二)喷油器

1. 喷油器的作用

作用：将来自喷油泵的高压燃油雾化并均匀地按一定方向喷入燃烧室。

2. 喷油器的结构形式

现代柴油机广泛采用液压启阀式(又称闭式)喷油器。按喷孔数目不同，喷油器可分为多孔式和单孔式两种。

(1)闭式喷油器结构及工作原理

闭式喷油器由本体、精密偶件针阀和针阀体、推杆、弹簧下座、弹簧、弹簧上座、调压螺钉、锁紧螺母以及高压滤器、进油管接头等部件组成(图 3-4-5)。

高压燃油自进油管接头经本体内孔进入贮油腔作用在针阀的锥面上，克服弹簧的预紧力将针阀抬起。当针阀一离开阀座，其承压面突然增大，使针阀快速升起，减小了节流损失，使燃油果断地经喷孔喷入汽缸。

喷油泵停止供油后，贮油腔油压突然降低，针阀在弹簧的作用下迅速关闭，喷油便断然停止。此时，针阀把高压油空间与燃烧室隔开，所以把这种喷油器称为闭式喷油器。

燃油喷射过程的压力不会低于某一个最低燃油压力，这就消除了喷射过程始末的低压喷射现象。燃油抬起针阀的最低压力叫启阀压力。

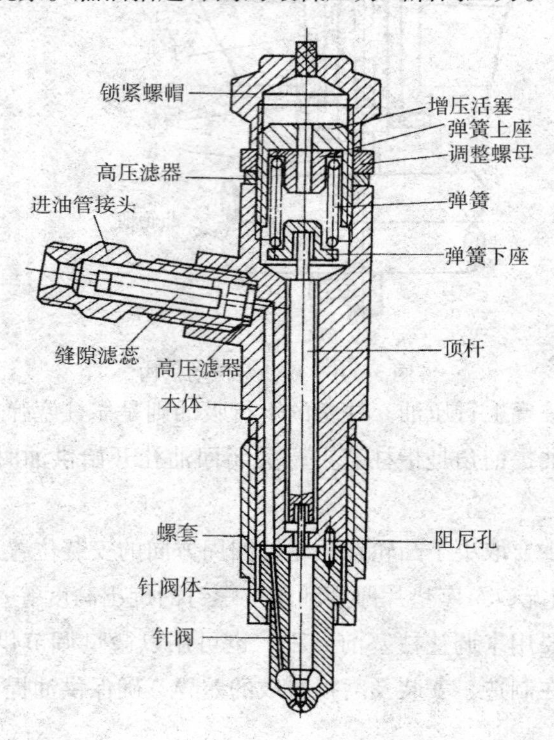

图 3-4-5　135 型柴油机喷油器

(2)油嘴结构形式

喷油器结构形式很多，但彼此间的主要区别是在喷油嘴。喷油嘴的结构与燃烧室形状有关。闭式喷油器的喷油嘴形式很多，其基本类型有单孔式、多孔

式、轴针式和冷却式喷油嘴，如图 3-4-6，3-4-7。

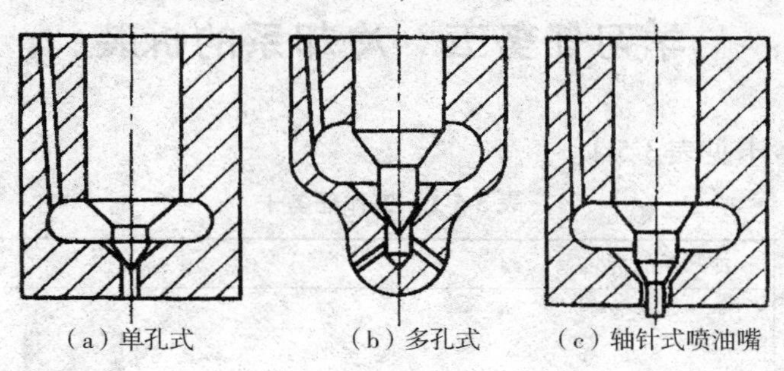

图 3-4-6　各种喷油嘴结构图

单孔式喷油嘴：这种喷油嘴由于孔径大不易堵塞，喷出的油束穿透力强，雾化油粒较大。多用于采用分隔式燃烧室的小型柴油机。

多孔式喷油嘴：雾化油粒匀细，分布较均匀，因孔径较小喷孔容易堵塞，适用于直接喷射式燃烧室。

轴针式喷油嘴：喷出的油束成空心柱状或空心锥状。

这种喷油嘴不易产生积碳堵塞等故障。常应用于采用分隔式燃烧室。

冷却式喷油嘴：对于强化程度较高的中、低速柴油机，大都采用冷却式喷油嘴。这种喷油嘴在针阀体内部布置有冷却液流道用以冷却，也称为内部冷却。冷却液通常采用淡水或柴油。淡水导热系数大，冷却效果好。使用淡水冷却的喷油器冷却系统，是一个单独设立的冷却系统，称为喷油器冷却系统。

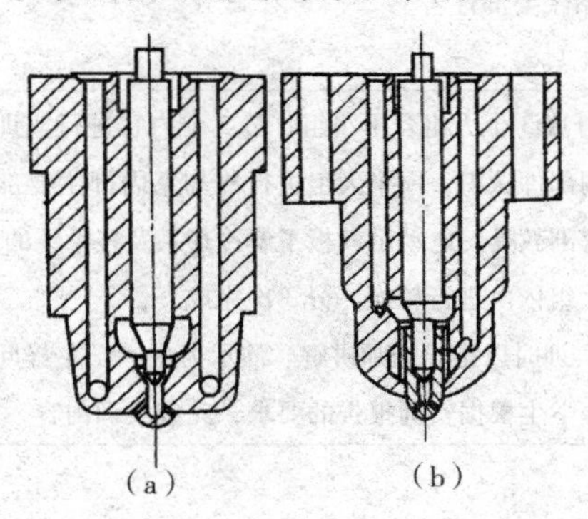

图 3-4-7　冷却式喷油嘴

学习任务五 冷却系的拆装

工作任务卡见表 3-5-1。

表 3-5-1 工作任务卡

工作任务	冷却系的拆装
任务目的与要求	小循环 大循环 混合循环 1. 熟悉冷却系的组成及各部件的装配关系；主要机件的构造；冷却水的循环路线 2. 掌握水泵的拆装方法、步骤
任务内容	桑塔纳冷却系的拆装
设备条件	1. 桑塔纳发动机 1 台 2. 发动机缸体、缸盖各 1 个 3. 冷却系主要部件若干 4. 常用工具等
任务实施	1. 每班分成 3 个大组若干小组，分 3 个内容进行实训：一个大组进行汽车冷却系整体及外围部件认识，一个大组进行冷却系内部主要部件的认识，一个大组通过透明教具、解剖教具、电动示教板了解冷却系及各系统的工作过程 2. 3 个大组依次进行轮换，分 3 次完成 3. 课内实训时以指导老师讲解、演示为主，学生提问进行教学互动。课外时间开放实训室，学生根据实训报告的要求，完成实训内容
备注	

一、相关知识点收集

引导问题：在工作任务之前，应了解哪些必备知识？并填入表 3-5-2 中。

表 3-5-2　知识点收集表

序号	知识点	内容	资料来源	收集人

二、分组讨论

引导问题：

(1)冷却系各系统由哪几部分组成？简单描述各个部分的作用。

____

____

(2)想想在日常生活中，冷却系故障有哪些情况？

____

____

(3)如果要拆装冷却系需要哪些工具？

____

____

三、制订工作计划

引导问题：为了在短时间获得更多的学习资源以及资源共享，将本次学习任务分为 3 个部分，各部分由 1 ~2 名同学分别掌握，然后大家分享。为此需要按以下步骤进行。

1. 相关学习资源的收集

收集相关学习资料，并填写表 3-5-3。

表 3-5-3　学习资料收集表

班级：　　　　　　　　　　　　组别：

序号	知识点	内容	资料来源	收集人
1	冷却系各系统的组成			
2	冷却系故障有哪些情况			
3	需要的拆装工具			

2. 现场学习与分享

结合冷却系为本组同学讲解，并记录讲解人于表3-5-4。

表3-5-4 现场学习与分享登记表

序号	知识点	讲解人
1	冷却系各系统的组成	
2	冷却系故障有哪些情况	
3	需要的拆装工具	

3. 冷却系拆卸步骤方法

冷却系拆卸步骤方案，填入表3-5-5。

表3-5-5 冷却系拆卸步骤

步骤	内容	分工	预期成果及检查项目

4. 实训设备、工具

引导问题：这些实训工具、辅料是什么规格？数量各是多少？谁负责领出、保管及归还？并记录在表3-5-6。

表3-5-6 实训设备、工具使用记录表

序号	名称	责任人
1	桑塔纳发动机1台	
2	发动机缸体、缸盖各1个	
3	冷却系主要部件若干	
4	常用工具等	

四、执行工作计划

引导问题：如何实施？实施过程中如何组织与协调？谁负责记录？

冷却系的拆卸步骤如下。

1. 观察冷却系的构造

(1)观察散热器、风扇、水泵、百叶窗、水温表、水温传感器、节温器等安装位置和相互间连接关系。

(2)观察散热器、风扇、水泵、缸体与缸盖水套、水温表传感器、节温器、百叶窗等主要机件的总体构造。在观察散热器芯子的构造时，可用一根较散热器芯管内孔尺寸小的软金属扁通条插入芯管中来回抽拉几次，以验证冷却水由上水室通过芯管流向下水室的情况。

(3)观察冷却水进行大循环和小循环流动路线。大小循由节温器自动控制，可将一节温器放在玻璃杯中，倒入90℃(363K)以上热水，观察节温器阀门开启情况。

2. 水泵拆装方法与步骤

汽车上广泛采用离心式水泵，以桑塔纳2000型轿车发动机的冷却系为例，进行冷却系的拆装。

(1)水泵的拆卸与分解

首先放尽冷却水(液)，拆下散热器进、出水软管及旁通软管，取出暖器软管，卸下V型带及带轮。然后拧下水泵的固定螺栓，拆下水泵总成。

①清除水泵表面脏污，将水泵固定在夹具或台虎钳上。

②拧松并拆下带轮紧固螺栓，拆卸带轮。

③用专用拉具拆卸水泵轴凸缘。

④拧松并拆卸水泵前壳体的紧固螺栓，将前泵壳段整体卸下，并拆下衬垫。

⑤用拉具拆卸水泵叶轮，应仔细操作，防止损坏叶轮。

⑥从水泵叶轮上拆下锁环和水封总成。

⑦如果水泵轴和轴承经检测需要更换，则先将水泵加热到75～85℃，然后用水泵轴承拆装器和压力机将其拆卸下来。

⑧拆卸油封及有关衬垫，从壳体上拆下浮动座。

⑨换位夹紧，拆卸进水管紧固螺栓，拆卸进水管。

⑩拆卸密封圈、节温器。

⑪安装时更换所有衬垫及密封圈。

⑫将拆卸的零件放入清洗剂中清洗。

(2)水泵的装配

水泵安装时基本顺序与拆卸顺序相反。但是，除更换衬垫及密封圈外，首先对清洗好的零件进行检查测量，磨损超差的，必须更换新件，各零部件检查合格才能装复。

①水泵轴与轴承的配合，一般为 -0.010 ~ 0.012mm，大修允许为 -0.010 ~ 0.030mm。

②水泵轴承与承孔的配合，一般为 -0.02 ~ 0.02mm，大修允许为 -0.02 ~ 0.044mm。

③水泵轴与叶轮承孔的配合，无固定螺栓（螺母）的，一般为 -0.04 ~ -0.02mm，有固定螺母的，一般为 -0.01 ~ 0.01mm。

④水泵叶轮装合后，一般应高出泵轴 0.1 ~ 0.5mm。

⑤水泵装合后，叶轮外缘与泵壳内腔之间的间隙，一般为 1mm；叶轮与泵盖之间应有 0.075 ~ 1.00mm 的间隙。

⑥各部螺栓、螺母应按规定的力矩拧紧，锁止应可靠。

⑦水泵下方的泄水孔应畅通。

⑧水泵装合后，应对水泵轴承加注规定牌号的润滑脂。

安装时，特别注意水泵叶轮与水泵壳体的轴向间隙，水泵叶轮与壳体的径向密封处的间隙。并注意轴承的润滑条件。

五、考核与评价

理论知识主要通过学生作业形式进行个人评价、小组互评和教师评价。实践操作则通过项目任务，根据各同学完成情况进行评价，并填写任务评价表 3-5-7。

表 3-5-7　任务评价记录表

评价项目	评价内容	分值	个人评价	小组评价	教师评价	得分
理论知识	了解冷却系的结构组成及工作原理	10				
实践操作	冷却系的拆卸（拆卸顺序正确，零件排列有序）	20				
	清理冷却系的部件（各部件清洗干净，丝杠、螺母涂润滑油，其他螺钉涂防锈油后安装）	20				
	冷却系的安装（安装后，使用要灵活）	20				

续表

评价项目	评价内容	分值	个人评价	小组评价	教师评价	得分
安全文明	遵守操作规程	5				
	“5S”现场管理（整理、整顿、清扫、清洁、素养）	5				
	职业化素养	5				
学习态度	考勤情况	5				
	遵守纪律	5				
	团队协作	5				
成果分享	不足之处					
	收获之处					
	改进措施					

注：①“个人评价”由小组成员评价。

②“小组评价”由实习指导老师给予评价。

③“教师评价”由任课教师评价。

六、知识拓展

（一）冷却系作用

冷却系统的主要功用是把受热零件吸收的部分热量及时散发出去，保证发动机在最适宜的温度状态下工作。冷却系统（图 3-5-1）按照冷却介质不同可以分为风冷和水冷，如果把发动机中高温零件的热量直接散入大气而进行冷却的装置称为风冷系统。

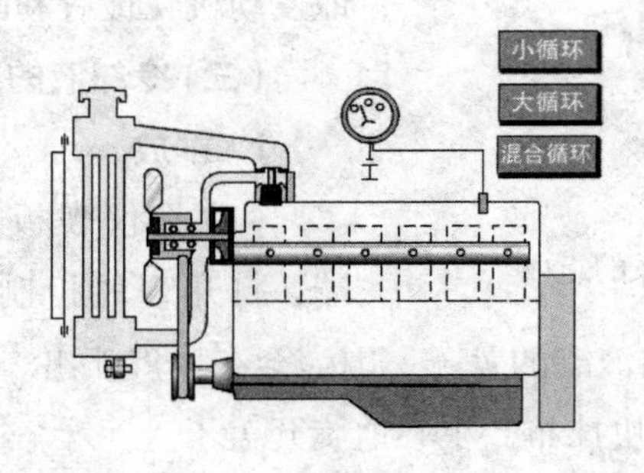

图 3-5-1　冷却系

而把这些热量先传给冷却水，然后再散入大气而进行冷却的装置称为水冷系统。由于水冷系统冷却均匀，效果好，而且发动机运转噪音小，目前汽车发动机上广泛采用的是水冷系统。

(二)冷却系分类

冷却系按照冷却介质不同可以分为风冷和水冷(如图3-5-2)。

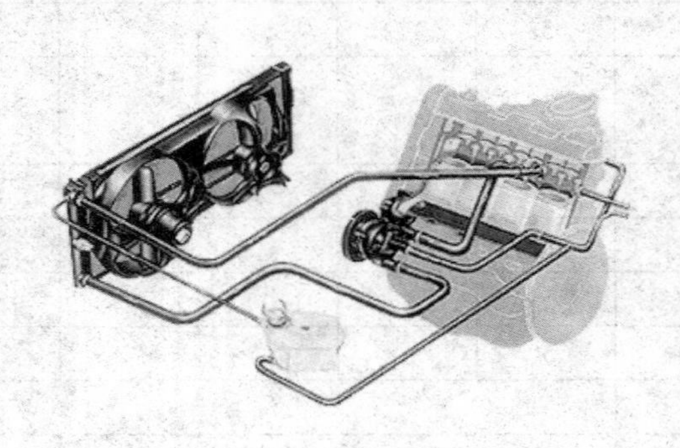

水冷

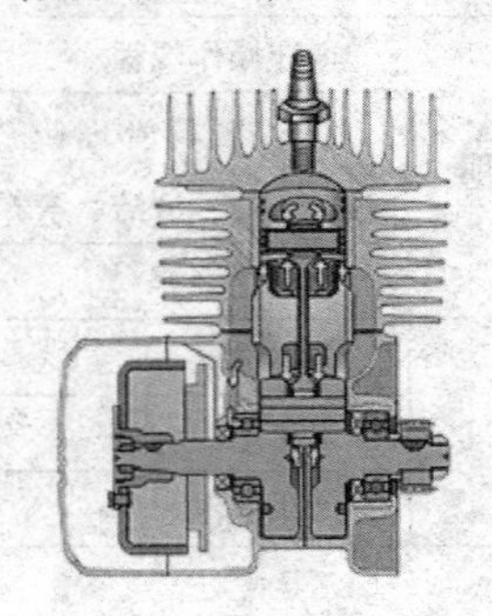

风冷

图3-5-2 水冷和风冷

1. 水冷却系

水冷却系是以水作为冷却介质，把发动机受热零件吸收的热量散发到大气中去。目前汽车发动机上采用的水冷系大都是强制循环式水冷系，利用水泵强制水在冷却系中进行循环流动。它由散热器、水泵、风扇、冷却水套和温度调节装置等组成(如图3-5-3)。

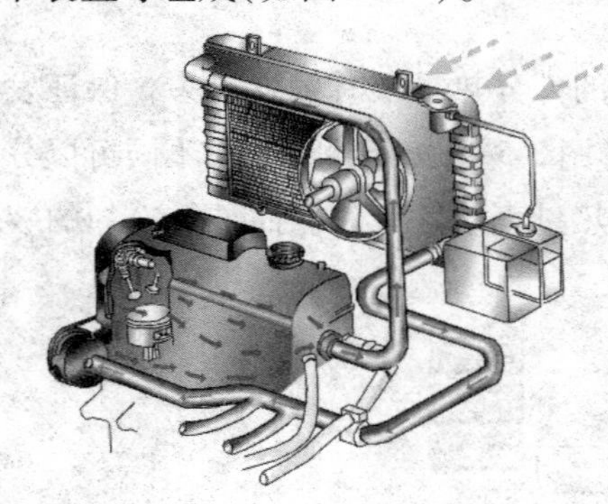

图3-5-3 水冷系的组成

2. 风冷却系

风冷却系是利用高速空气流直接吹过气缸盖和气缸体的外表面，把从气缸内部传出的热量散发到大气中去，以保证发动机在最有利的温度范围内工作。

(三)冷却液的排放与加注

1. 排放

(1)将仪表板上的暖风开关拨至右端，打开暖风控制阀。注意：在热态时不可立即取下冷却液储液罐的盖子，因为会有蒸汽喷出。

(2)在盖子上盖一块抹布，小心地旋开盖子。

(3)在发动机下放置一个干净的收集盘。

(4)松开夹箍，拔下散热器的下水管，放出冷却液。

2. 加注

冷却系统中必须常年加注一种冷却液添加剂以防治结冻、腐蚀损坏及提高沸点。冷却添加剂为N052 744 C0。切勿混用不同牌号的冷却液。禁止使用磷酸

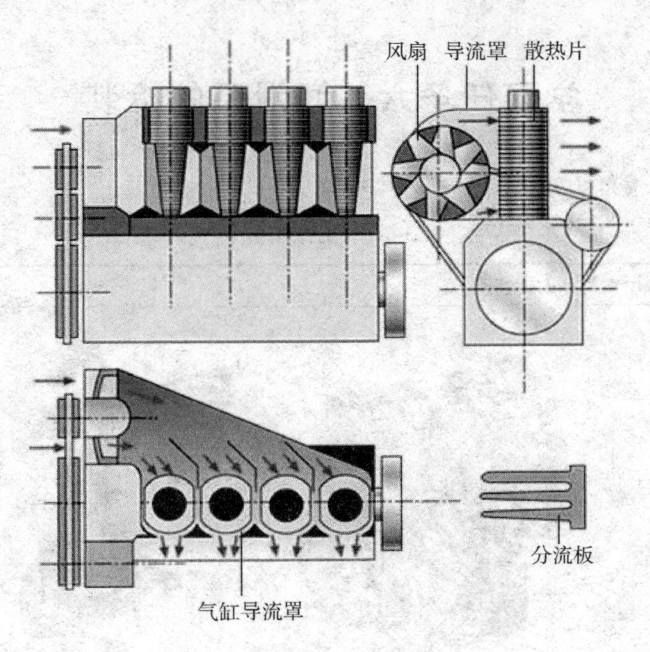

图 3-5-4　风冷系

盐和亚硝酸盐作为防腐剂的冷却液。

加注时应按以下步骤进行：

①加注冷却液至冷却液储液罐最高点标志处。

②旋紧储液罐盖子。

③使发动机运转 5 ~7min。

④检查冷却液液面高度，必要时加注冷却液到最高标记。

(四)冷却系密封性的检查

1. 整个冷却系

(1)将发动机预热，打开膨胀水箱盖。在打开膨胀水箱时可能会有蒸汽喷出，必须在膨胀水箱盖上包上抹布后小心地拧开。

(2)将压力测试仪 V. A. G1274 及 V. A. G1274/8 安装到膨胀水箱上。

(3)使用手动真空泵产生约 0. 2MPa 的压力(表压)。

(4)如果压力迅速下降，则找出泄漏的位置并排出故障。

2. 散热器盖

(1)将散热器盖套在 V. A. G1274/9 上。

(2)使用手动真空泵使压力上升到约 0. 15MPa。在 0. 12 ~0. 15MPa 时，限压阀必须打开，在大于 -0. 01MPa(绝对压力 0. 09MPa)时，真空阀应打开。

学习任务六　润滑系的拆装

工作任务卡见表 3-6-1。

表 3-6-1　工作任务卡

工作任务	润滑系的拆装
任务目的与要求	润滑油路（纵向）　润滑油路（横向） 1. 熟悉润滑系组成及各机件的装配关系；主要机件的构造；润滑油路；强制式曲轴箱通风的原理和连接方法 2. 掌握机油泵和滤油器的拆装方法、步骤
任务内容	润滑系的拆装
设备条件	1. 桑塔纳发动机 1 台 2. 发动机缸体、缸盖各 1 个 3. 润滑系主要部件若干 4. 常用工具等
任务实施	1. 每班分成 3 个大组若干小组，分 3 个内容进行实训：一个大组进行汽车冷却系整体及外围部件认识，一个大组进行润滑系内部主要部件的认识，一个大组通过透明教具、解剖教具、电动示教板了解润滑系及各系统的工作过程 2. 3 个大组依次进行轮换，分 3 次完成 3. 课内实训时以指导老师讲解、演示为主，学生提问进行教学互动。课外时间开放实训室，学生根据实训报告的要求，完成实训内容
备注	

一、相关知识点收集

引导问题：在工作任务之前，应了解哪些必备知识？并填入表 3-6-2 中。

表 3-6-2　知识点收集表

序号	知识点	内容	资料来源	收集人

二、分组讨论

引导问题：

(1)润滑系各系统由哪几部分组成？简单描述各个部分的作用。

______

______

(2)想想在日常生活中，润滑系故障有哪些情况？

______

______

(3)如果要拆装润滑系需要哪些工具？

______

______

三、制订工作计划

引导问题：为了在短时间获得更多的学习资源以及资源共享，将本次学习任务分为3个部分，各部分由1～2名同学分别掌握，然后大家分享。为此需要按以下步骤进行。

1. 相关学习资源的收集

收集相关学习资料，并填入表3-6-3。

表 3-6-3　学习资料收集表

班级：　　　　　　　　　　　　组别：

序号	知识点	内容	资料来源	收集人
1	润滑系各系统的组成			
2	润滑系故障有哪些情况			
3	需要的拆装工具			

2. 现场学习与分享

结合润滑系为本组同学讲解，并记录在表 3-6-4 中。

表 3-6-4　现场学习与分享登记表

序号	知识点	讲解人
1	润滑系各系统的组成	
2	润滑系故障有哪些情况	
3	需要的拆装工具	

3. 润滑系拆卸步骤

润滑系拆卸步骤，填写表 3-6-5。

表 3-6-5　润滑系拆卸步骤

步骤	内容	分工	预期成果及检查项目

4. 实训设备、工具

引导问题：这些实训工具、辅料是什么规格？数量各是多少？谁负责领出、保管及归还？并记录在表 3-6-6 中。

表 3-6-6　实训设备、工具使用记录表

序号	名称	责任人
1	桑塔纳发动机 1 台	
2	发动机缸体、缸盖各 1 个	
3	润滑系主要部件若干	
4	常用工具等	

四、执行工作计划

引导问题：如何实施？实施过程中如何组织与协调？谁负责记录？

润滑系的拆卸步骤

1. 观察

(1) 观察机油泵、滤清器、机油散热器、限压阀、旁通阀等安装位置及相互间连接关系。

(2) 对照润滑油路示意图，观察润滑油路中缸体、缸盖上油道。

在观察主油道与各道主轴承座孔油道时，可在主油道中放入一尺寸合适的金属棒，再从主轴承座孔油道插入细铁丝使其与金属棒相抵触，用手转动金属

棒，细铁丝便抖动，即可验证主轴油道与主轴承座孔油道的联系。

(3)观察曲轴箱通风各部件的连接关系。

2. 机油泵的拆卸步骤

(1)放尽油底壳的机油，拆卸油底壳。

(2)旋松分电器(AJR发动机无需此步)轴向限位卡板的紧固螺栓(25N·m)，拆去卡板，拔出分电器。

(3)拆下机油泵总成紧固螺栓(20N·m)，将总成一起拆卸下来。

(4)拆卸机油泵粗集油器、连接管(吸油管组)。

(5)拆卸机油泵盖组，检查泵盖上的限压阀组。

(6)分解主、从动齿轮，再分解齿轮和轴。

(7)清洗、检查、测量所有零件。

机油泵的常见故障有：机油泵主动轴弯曲，机油泵从动轴偏磨，齿轮磨损，机油泵盖内表面磨损及翘曲，机油泵壳体轴孔磨损或泵体有裂纹等。

清洗各零件后，按拆卸时相反顺序进行装复。完成后，主动轴应转动灵活，限压阀柱塞装入阀孔中，应转动灵活，无卡滞现象。

3. 机油粗滤器拆装方法与步骤

(1)拆卸：

①松开紧固螺母分解底座和外壳推杆总成。

②取出密封垫圈、滤芯压紧弹簧垫圈和弹簧。

③松开阀座取出旁通阀弹簧和钢球，仔细观察旁通阀的工作情况。

(2)装复：清洗各零件后，按拆卸时相反顺序装复粗滤器。注意不要损坏各密封圈。

4. 离心式机油细滤器拆装

(1)拆卸：

①松开外罩上盖形螺母，取下密封垫圈、外罩、止推弹簧和止推片。

②将转子转动到喷嘴对准挡油盘缺口时，取出转子体总成。

③松开转子罩上紧固螺母，分解转子总成，仔细观察转子的工作情况。

④松开进油阀座，拆卸阀座垫圈、进油阀弹簧、进油阀柱塞。

(2)装复：清洗观察各零件后。按拆卸时的相反顺序装复细滤器。

(3)装配注意事项：

①转子总成装配时必须把转子罩和转子座两箭头记号对准，否则将破坏转子总成的平衡。密封橡胶垫应装好，否则将会漏油，并会使转子不转。锁紧螺母不能旋得过紧(旋紧力矩不得超过30~50N·m)，否则将破坏转子的正常工作。

②装止推弹簧下面的止推片时，应将光面对着转子，切勿装反或漏装，以免破坏转子旋转。

③装复外罩时，应把底座密封圈槽内的泥沙清除干净，因外罩下若有泥沙，会引起转子轴的变形。

五、考核与评价

考评各组完成情况。

理论知识主要通过学生作业形式进行个人评价、小组互评和教师评价。实践操作则通过项目任务，根据各同学完成情况进行评价，并填写任务评价表3-6-7。

表3-6-7　任务评价记录表

评价项目	评价内容	分值	个人评价	小组评价	教师评价	得分
理论知识	了解润滑系的结构组成及工作原理	10				
实践操作	润滑系的拆卸（拆卸顺序正确，零件排列有序）	20				
	清理润滑系的部件（各部件清洗干净，丝杠，螺母涂润滑油，其他螺钉涂防锈油后安装）	20				
	润滑系的安装（安装后，使用要灵活）	20				
安全文明	遵守操作规程	5				
	“5S”现场管理（整理、整顿、清扫、清洁、素养）	5				
	职业化素养	5				
学习态度	考勤情况	5				
	遵守纪律	5				
	团队协作	5				
成果分享	不足之处					
	收获之处					
	改进措施					

注：①“个人评价”由小组成员评价。

②“小组评价”由实习指导老师给予评价。

③“教师评价”由任课教师评价。

六、知识拓展

发动机工作时，各运转零件均以一定的力作用在另一个零件上，很多传动零件都是在很小的间隙下作高速相对运动的，如曲轴主轴颈与主轴承、曲柄销与连杆轴承、凸轮轴颈与凸轮轴承，活塞、活塞环与气缸壁面，配气机构各运动副及传动齿轮副等，有了相对运动，零件表面必然要产生摩擦，加速磨损，尽管这些零件的工作表面都经过精细的加工，但放大来看这些表面却是凹凸不平的。因此，为了减轻磨损，减小摩擦阻力，延长使用寿命，发动机上都必须有润滑系。

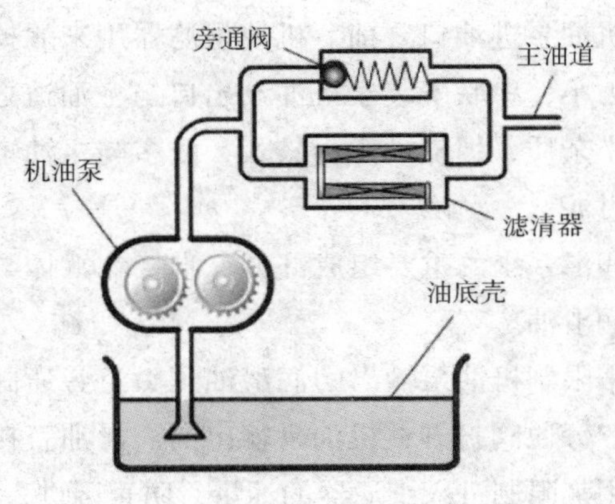

图 3-6-1　润滑系结构

1. 润滑系作用及组成

(1)润滑系作用

若不对发动机内各机件表面进行润滑，它们之间将发生强烈的摩擦。金属表面之间的干摩擦不仅增加发动机的功率消耗，加速零件工作表面的磨损，而且还可能由于摩擦产生的热将零件工作表面烧损，致使发动机无法运转。润滑系统的功用就是在发动机工作时连续不断地把数量足够、温度适当的洁净机油输送到全部传动件的摩擦表面，并在摩擦表面之间形成油膜，实现液体摩擦。从而减小摩擦阻力、降低功率消耗、减轻机件磨损，以达到提高发动机工作可靠性和耐久性的目的。

(2)润滑系组成的主要部件及作用

油底壳——用来贮存润滑油。在大多数发动机上，油底壳还起到为润滑油散热的作用。

机油泵——它将一定量的润滑油从油底壳中抽出经机油泵加压后，源源不断地送至各零件表面进行润滑，维持润滑油在润滑系中的循环。机油泵大多装于曲轴箱内，也有些柴油机将机油泵装于曲轴箱外面，机油泵都采用齿轮驱动方式，通过凸轮轴、曲轴或正时齿轮来驱动。

机油滤清器——用来过滤掉润滑油中的杂质、磨屑、油泥及水分等杂物，使送到各润滑部位的都是干净清洁的润滑油。机油滤清器分粗机油滤清器和细机油滤清器，它们并联在油道中。机油泵输出绝大多数的机油通过粗机油滤清器，只有很少部分通过细机油滤清器，但汽车每行使 5km，机油被细机油滤清器滤清一边。

机油集滤器——它多为滤网式，能滤掉润滑油中粒度大的杂质，其流动阻力小，串联安装于机油泵进油口之前。机油粗滤器用来滤掉润滑油中粒度较大的杂质，其流动阻力小，串联安装于机油泵出口与主油道之间。机油细滤器能滤掉润滑油中的细小杂质，但流动阻力较大，故多与主油道并联，只有少量的润滑油通过细滤器过滤。

主油道——是润滑系统的重要组成部分，直接在缸体与缸盖上铸出，用来向各润滑部位输送润滑油。

限压阀——用来限制机油泵输出的润滑油压力。旁通阀与粗滤器并联，当粗滤器发生堵塞时，旁通阀打开，机油泵输出的润滑油直接进入主油道。机油细滤器进油限压阀用来限制进入细滤器的油量，防止因进入细滤器的油量过多，导致主油道压力降低而影响润滑效果

机油泵吸油管——它通常带有收集器，浸在机油中。作用是避免油中大颗粒杂质进入润滑系统。

曲轴箱通风装置——它的作用是防止一部分可燃混合气和废气经活塞环与汽缸壁间的间隙窜入曲轴箱内。可燃混合气进入曲轴箱后，其中的汽油蒸气会凝结，并溶入润滑油中，使润滑油变稀；废气中水蒸气与酸性气体会形成酸性物质，从而对机件造成腐蚀；窜气还会使曲输箱灯压力增大，造成曲轴箱密封件失效而使润滑油透漏。为了防止这种现象，必须设置通风系统。

(3)现代汽车发动机润滑系统的油路

在此系统中，曲轴的主轴颈、曲柄销、凸轮轴颈及中间轴(分电器和机油泵的传动轴)颈均采用压力润滑，其余部分则用飞溅润滑或润滑脂润滑。当发动机工作时，机油从油底壳经集滤器被机油泵送入机油滤清器。如果油压太高，则机油经机油泵上的安全阀返回机油泵入口。全部机油经滤清器滤清之后进入发动机主油道。滤清器盖上设有旁通阀，当滤清器堵塞时，机油不经过滤清器滤

清由旁通阀直接进入主油道。机油经主油道进入五条分油道，分别润滑五个主轴承。然后，机油经曲轴上的斜油道，从主轴承流向连杆轴承润滑连杆轴颈。主油道中的部分机油经第六条分油道供入，中间轴的后轴承。中间轴的前轴承由机油滤清器出油口的一条油道供油润滑。主油道的另一条分油道直通凸轮轴轴承润滑油道，此油道也有五个分油道，分别向五个凸轮轴轴承供油。在凸轮轴轴承润滑油道的后端，也就是整个压力润滑油路的终端装有最低机油压力报警开关。当发动机起动之后，机油压力较低，最低油压报警开关触点闭合，油压指示灯亮。当机油压力超过 31kPa 时，最低油压报警开关触点断开，指示灯熄灭。另外，在机油滤清器上也装有机油压力开关，当发动机转速超过 2150r/min时，机油压力若低于 180kPa，这时开关触点闭合，报警灯闪亮，同时蜂鸣器鸣响报警。

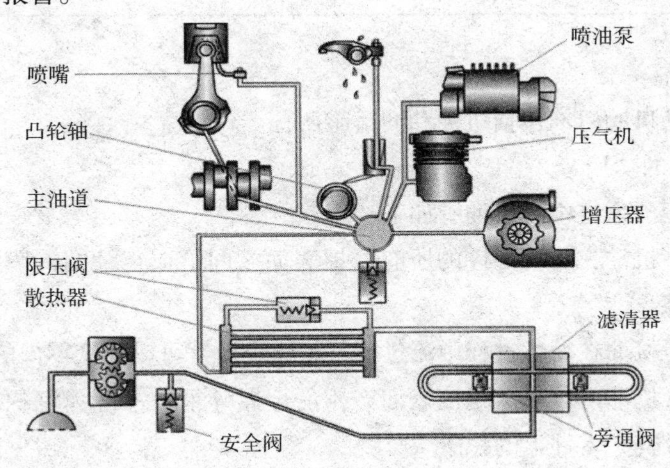

图 3-6-2　润滑油路

2. 润滑方式

由于发动机传动件的工作条件不尽相同，因此，对负荷及相对运动速度不同的传动件采用不同的润滑方式，如表 3-6-8。

(1)压力润滑

压力润滑是以一定的压力把机油供入摩擦表面的润滑方式。这种方式主要用于主轴承、连杆轴承及凸轮轴承等负荷较大的摩擦表面的润滑。

(2)飞溅润滑

利用发动机工作时运转件溅泼起来的油滴或油雾润滑摩擦表面的润滑方式，称飞溅润滑。该方式主要用来润滑负荷较轻的汽缸壁面和配气机构的凸轮、挺柱、气门杆以及摇臂等零件的工作表面。

表 3-6-8 不同传动件采用的润滑方式

摩擦部位	润滑方式
活塞环/汽缸	飞溅
活塞销/连杆小端轴承	飞溅
活塞销/连杆大端轴承	压力(强制)
曲轴颈/主轴承	压力(强制)
凸轮/随动件	飞溅
凸轮轴/轴承	压力(强制)
摇臂轴/轴承	压力(强制)
气门杆/气门导管	滴油

3. 润滑剂

汽车发动机润滑剂包括机油和润滑脂两种。

(1)机油的功用

循环在润滑系统中的机油有如下功用：

①润滑：机油在运动零件的所有摩擦表面之间形成连续的油膜，以减小零件之间的摩擦。

②冷却：机油在循环过程中流过零件工作表面，可以降低零件的温度。

③清洗：机油可以带走摩擦表面产生的金属碎末及冲洗掉沉积在汽缸、活塞、活塞环及其它零件上的积碳。

④密封：附着在汽缸壁、活塞及活塞环上的油膜，可起到密封防漏的作用。

⑤防锈：机油有防止零件发生锈蚀的作用。

(2)机油的使用特性及机油添加剂

汽车发动机机油在润滑系统内循环流动，循环次数每小时可达 100 次。机油的工作条件十分恶劣，在循环过程中，机油与高温的金属壁面及空气频频接触，不断氧化变质。窜入曲轴箱内的燃油蒸汽、废气以及金属磨屑和积碳等，使机油受到严重污染。另外，机油的工作温度变化范围很大：在发动机起动时为环境温度；在发动机正常运转时，曲轴箱中机油的平均温度可达 95℃或更高。同时，机油还与 180～300℃的高温零件接触，受到强烈的加热。

①适当的黏度：机油黏度对发动机的工作有很大的影响。黏度过小，在高温、高压下容易从摩擦表面流失，不能形成足够厚度的油膜；黏度过大，冷起

动困难，机油不能被泵送到摩擦表面。机油的黏度随温度而变化。温度升高，黏度减小；温度降低，黏度增大。

②优异的氧化安定性：氧化安定性是指机油抵抗氧化作用不使其性质发生永久变化的能力。当机油在使用与储存过程中与空气中的氧气接触而发生氧化作用时，机油的颜色变暗，黏度增加，酸性增大，并产生胶状沉积物。氧化变质的机油将腐蚀发动机零件，甚至破坏发动机的工作。

③良好的防腐性：机油在使用过程中不可避免地被氧化而生成各种有机酸。这类酸性物质对金属零件有腐蚀作用，可能使铜铅和镉镍一类的轴承表面出现斑点、麻坑或使合金层剥落。

④较低的起泡性：由于机油在润滑系中快速循环和飞溅，必然会产生泡沫。如果泡沫太多，或泡沫不能迅速消除，将造成摩擦表面供油不足。控制泡沫生成的方法，是在机油中添加泡沫抑制剂。

⑤强烈的清净分散性：机油的清净分散性是指机油分散、疏松和移走附着在零件表面上的积碳和污垢的能力。为使机油具有清净分散性，必须加入清净分散添加剂。

⑥高度的极压性：在摩擦表面之间的油膜厚度小于0.3～0.4μm的润滑状态，称边界润滑。习惯上把高温、高压下的边界润滑，称为极压润滑。机油在极压条件下的抗摩性叫作极压性。

(3)机油的分类

国际上广泛采用美国SAE黏度分类法和API使用分类法，而且它们已被国际标准化组织(ISO)确认。美国工程师学会(SAE)按照机油的黏度等级，把机油分为冬季用机油和非冬季用机油。冬季用机油有6种牌号：SAEOW、SAE5W、SAE10W、SAE15W、SAE20W和SAE25W。非冬季机油有4种牌号：SAE20、SAE30、SAE40和SAE50。号数较大的机油黏度较大，适于在较高的环境温度下使用。

API使用分类法是美国石油学会(API)根据机油的性能及其最适合的使用场合，把机油分为S系列和C系列两类。S系列为汽油机油，目前有SA、SB、SC、SD、SE、SF、SG和SH8个级别。C系列为柴油机油，目前有CA、CB、CC、CD和CE5个级别。级号越靠后，使用性能越好，适用的机型越新或强化程度越高。其中，SA、SB、SC和CA等级别的机油，除非汽车制造厂特别推荐，否则将不再使用。

我国的机油分类法参照采用ISO分类方法。GB/T 7631.3－1995规定，按机油的性能和使用场合分为：

①汽油机油：SC、SD、SE、SF、SG、SH 等 6 个级别。

②柴油机油：CC、CD、CDⅡ、CE、CF4 等 5 个级别。

③二冲程汽油机油：ERA、ERB、ERC 和 ERD 等 4 个级别。

(4) 机油的选用

①根据汽车发动机的强化程度选用合适的机油使用级别。

②根据地区的季节气温选用适当黏度等级的机油。

(5) 合成机油

合成机油是利用化学合成方法制成的润滑剂。其主要特点是有良好的黏度——温度特性，可以满足大温差的使用要求；有优良的热氧化安定性，可长期使用不需更换。使用合成机油，发动机的燃油经济性会稍有改善，并可降低发动机的冷起动转速。目前，合成机油的价格比从石油提炼出来的机油贵。

(6) 润滑脂

润滑脂是将稠化剂掺入液体润滑剂中所制成的一种稳定的固体或半固体产品，其中可以加入旨在改善润滑脂某种特性的添加剂。润滑脂在常温下可附着于垂直表面而不流淌，并能在敞开或密封不良的摩擦部位工作，具有其他润滑剂所不能代替的特点。因此，在汽车的许多部位都使用润滑脂润滑。目前，进口汽车和国产新车普遍推荐使用汽车通用锂基润滑脂(GB/T 5671—1985)。这种润滑脂具有良好的高低温适应性，可在 -30 ~ 120℃的宽阔温度范围内使用；具有良好的抗水性和防锈性能，可用于潮湿和与水接触的摩擦部位；具有良好的安定性和润滑性，在高速运转的机械部位使用，不变质、不流失，保证润滑。它能够满足我国从哈尔滨到海南岛广大地区汽车的使用要求，与使用钙基或复合钙基润滑脂比较，可以延长换油期 2 倍，使润滑和维护费下降 40% 以上。

4. 常见问题

(1) 沉积物的形成

发动机工作过程中，其内部会形成积碳、漆膜、油泥、胶质、污垢等沉积物。沉积物的形成有两个阶段：

一是新的发动机，当磨合期刚刚结束时，在磨合阶段会有许多金属碎屑被磨下来，有的沉积在油底壳内，有的悬浮于机油当中，分散于润滑系统的各个角落，如果进入摩擦副，必然会对摩擦表面造成严重的磨损。

二是机油本身的性能，随着使用时间的延长，不断地氧化、变质，同时，由于吸入空气所带来的沙土、灰尘、燃烧后形成的碳物质、润滑油氧化后生成

的胶状物，以及由燃烧室漏出的废气和没有燃烧完全的气体结合在一起，形成油泥等沉积物。

(2)沉积物的危害

①导致润滑不良，造成磨损，甚至出现磨损故障。

随着机油的循环，在所有与机油接触的表面和孔道内，集聚并粘附其上，使机油孔道变窄甚至堵塞，使润滑系统不能正常发挥作用，导致润滑不良，造成磨损，甚至出现磨损故障。

②出现烧机油、冒蓝烟、动力下降的现象。

沉积物会将活塞环粘住失去弹性，造成汽缸的密封性变差，活塞向下运动时，不能将汽缸壁上的润滑油刮回到油底壳中，使机油留在燃烧室燃烧，出现烧机油、冒蓝烟、动力下降的现象。

③配气机构工作噪声增大。

现今中高级轿车在配气机构普遍装用液力挺杆，以降低工作噪声。但如果润滑油孔道变窄或堵塞，则液力挺杆对气门间隙的自动补偿作用就丧失了，配气机构的工作噪音就必然增大。

④缩短新机油的使用寿命。

这些沉积物一方面会污染新机油，使新机油混入杂质，另一方面，沉积物中的胶质可以加速新机油的氧化。因此，沉积物会缩短新机油的使用寿命。

5. 发动机润滑系统的维护和保养

如何维护汽车发动机润滑系统？养成良好的驾驶习惯，定期检查机油液面，液面过高不仅会增加发动机运转时的阻力，造成不必要的功率损失，还会造成机油泄漏；液面过低，会因润滑不良而损坏发动机，因此发动机油面过低应检查发动机有无泄漏机油和不正常的机油消耗；启动发动机前打开点火开关，机油平面指示灯和机油压力指示灯亮，启动发动机后应熄灭。如有异常现象必须停车检查。

使用适当黏度的机油。机油黏度过低，则油膜容易损坏而产生零件卡住现象；黏度过高，则将产生零件移动的附加阻力致使发动机启动困难，功率损失增加。因此更换机油时，尽可能参阅驾驶员手册上厂商建议使用的黏度。

(1)根据气候选用机油

环境温度较低时，选用黏度较小的机油，便于发动机启动。环境温度较高时，选用黏度较高的机油，便于运动保持油膜；

(2)根据车况选用机油

车况较好的发动机，配合间隙较小，可选用黏度较小的机油，车况较差的发动机，配合间隙较大，可选用黏度较大的机油；

(3)使用专用机油

由于柴油机有较高的燃烧压力、加上柴油含硫燃烧后产生亚硫酸稀释机油，因此柴油机应选用能中和亚硫酸的柴油机专用机油。

(4)合理使用汽车发动机养护品

增强发动机的润滑性能，避免发动机磨损，以养代修。

定期更换发动机油，选用优质的发动机保养产品进行养护，定期清洗发动机润滑系统内部的油泥、胶质及积碳，保持润滑系统清洁，使用发动机保护类产品进行有效地提升各部件润滑性能、减少磨损，提升部件使用寿命。

对于汽车发动机润滑系统，只要能做好定期维护工作，不仅可以延长发动机的使用寿命，还可以减少不必要的经济损失。

(5)清洗油道油污

清洗的方法是：待废机油放净后，向发动机油底壳内注入稀机油或经过滤清的优质柴油，其数量相当于油底壳标准油面容量的60% ~70%，然后使发动机怠速运转2 ~3min，再将洗涤油放净。

学习任务七　发动机的总装

工作任务卡见表3-7-1。

表3-7-1　工作任务卡

工作任务	发动机的拆装
任务目的与要求	1. 掌握保证发动机装配质量的基本条件与要求。熟悉装配技术标准与注意事项 2. 掌握发动机总装工艺过程及装配方法，正确装配发动机，熟练使用工具与量具
任务内容	发动机的总装

续表

工作任务	发动机的拆装
设备条件	丰田发动机、丰田发动机拆装专用工具、活塞连杆组检验工具、百分表、游标卡尺、塞尺、钢直尺、量缸表、温度计、发动机翻转、套筒扳手、梅花扳手、开口扳手、撬棒、铜棒、木锤、手锤、气门弹装卸钳、活塞环钳、卡圈钳、尖嘴钳、旋具、汽油、机油、二硫化钡锂基润滑脂、胶、防松胶若干；盛油器皿、活塞加热器皿、洗件器皿、零件盒、干净棉纱
任务实施	1. 每班分成 3 个大组若干小组，分 3 个内容进行实训 2. 3 个大组依次进行轮换，分 3 次完成 3. 课内实训时以指导老师讲解、演示为主，学生提问进行教学互动。课外时间开放实训室，学生根据实训报告的要求，完成实训内容
备注	

一、相关知识点收集

引导问题：在工作任务之前，应了解哪些必备知识？并填入表 3-7-2 中。

表 3-7-2　知识点收集表

序号	知识点	内容	资料来源	收集人

二、分组讨论

引导问题：

(1)发动机各系统由哪几部分组成？简单描述各个部分的作用。

____

____

(2)想想在日常生活中，发动机故障有哪些情况？

____

____

(3)如果要拆装发动机需要哪些工具？

____

____

三、制订工作计划

引导问题：为了在短时间获得更多的学习资源以及资源共享，将本次学习任务分为3个部分，各部分由1~2名同学分别掌握，然后大家分享。为此需要按以下步骤进行。

1. 相关学习资源的收集

收集相关学习资料，并填入表3-7-3中。

表3-7-3　学习资料收集表

班级：　　　　　　　　　　　　组别：

序号	知识点	内容	资料来源	收集人
1	发动机各系统的组成			
2	发动机故障有哪些情况			
3	需要的拆装工具			

2. 现场学习与分享

结合发动机为本组同学讲解，并填入表3-7-4中。

表3-7-4　现场学习与分享登记表

序号	知识点	讲解人
1	发动机各系统的组成	
2	发动机故障有哪些情况	
3	需要的拆装工具	

3. 发动机拆卸步骤

发动机拆卸步骤方法，填入表3-7-5中。

表3-7-5　发动机拆卸步骤

步骤	内容	分工	预期成果及检查项目

4. 实训设备、工具

引导问题：这些实训工具、辅料是什么规格？数量各是多少？谁负责领出、保管及归还？并填入表3-7-6中。

表3-7-6　实训设备、工具使用登记表

序号	名称	责任人
1	丰田发动机	
2	丰田发动机拆装专用工具	
3	活塞连杆组检验工具	
4	百分表	
5	游标卡尺、塞尺、钢直尺、量缸表、温度计	
6	发动机翻转	
7	套筒扳手、梅花扳手、开口扳手	
8	撬棒、铜棒、木锤、手锤	
9	气门弹装卸钳、活塞环钳、卡圈钳、尖嘴钳、	
10	旋具	
11	汽油、机油、二硫化钡锂基润滑脂、胶、防松胶若干	
12	盛油器皿、活塞加热器皿、洗件器皿、零件盒	
13	干净棉纱	

四、执行工作计划

引导问题：如何实施？实施过程中如何组织与协调？谁负责记录？

发动机总装的步骤如下。

1. 安装曲轴

(1)把汽缸体倒放在工作台上。

(2)将轴承按记号放入各轴承座内，在轴承上涂一层薄机油，装上曲轴。

(3)将各主轴承盖按记号扣在轴颈上，并注意朝前记号。按规定力矩和顺序均匀地拧紧螺栓(一般从中间向两头分两以上依次拧紧)，每拧紧一道转动曲轴一次。若阻力显著增加或转不动，应查明原因予以排除。轴承盖全部装复后，手扳动曲轴臂，曲轴应能转动(装上油封后用撬棒撬动曲轴应无过大的阻力)，复查曲轴轴向间隙应符合规定的值。最后要注意安装油封。

为了防止曲轴漏油，应注意以下几点：

①曲轴轴颈与轴承之间的间隙不得过大，尤其最后一道轴承。如间隙过大，

会造成润滑油大量从间隙流失，使机油压力下降并造成曲轴后端漏油。所以在装复中对轴承的松紧度应逐道检验。

②装复整体油封前，应注意油封与曲轴的同心度。如不同心会因松紧不一致而漏油。

③油封松紧度应适当，过松会漏油，过紧会使轴颈摩擦阻力增大而发热，严重时会烧毁轴承或轴颈。

2. 安装活塞连杆组

(1)检查活塞偏缸

发动机主要零件修理质量不高，特别是相对位置偏差较大时，将在活塞连杆组装配中反映出来、使活塞在汽缸中产生歪斜，加速汽缸磨损；使汽缸的密封性能变坏，恶化活塞与活塞环的润滑条件。因此，装配中应对活塞的偏缸进行检查与校正。

(2)组装活塞连杆组

加工好的活塞连杆组零件装入汽缸前，应先装成一个组合件。组装采用热装配，通常将活塞置于水中，加热至76～85℃取出后，迅速擦净座孔，将活塞销推入活塞的一个座孔。随即在连杆小端的衬套内涂上一层薄机油，将小端伸入活塞内，使活塞销通过连杆小头直至活塞另一端销孔边缘，再装入锁环。组装时，应注意活塞和连杆的安装方向。另外，对于IUZ和IMZ发动机，右列活塞和左列活塞不同，用R记号表示右列活塞，用L记号表示左列活塞

(3)连杆与活塞销座

检查时，把汽缸体侧放，将未装活塞环的活塞连杆组装入相应各缸，按规定力矩拧紧各道连杆轴承螺母。首先检查连杆小头每边与活塞销座端面之间的距离，不应小于1mm。如果小于1mm，多为汽缸中心线产生偏移所致。然后转动曲轴，使活塞在活塞行程内运动。活塞在上止点、下止点和汽缸中部三个位置时，间隙差应不得超过0.1mm。若大于0.1mm，应查明原因进行校正。

(4)将活塞连杆组装入汽缸

活塞连杆组装入汽缸时，涂上适当机油。注意活塞的缸号及安装方向。通常在活塞、连杆上、连杆轴承盖上均有表示活塞、连杆、连杆轴承盖安装方向的记号。活塞缸号、方向对好后，用活塞环箍箍紧活塞环；再用手锤木柄将活塞推入相应的缸内，使连杆大端落在连杆轴颈上。装好连杆轴承盖(注意缸号和朝前记号)，按规定力矩拧紧螺母。拧紧后用手锤沿曲轴轴线方向轻轻敲击轴承盖，其盖应能移动。如轴承盖不能移动，或转动曲轴阻力显著增加时，应查明

原因予以排除。

3. 气门组的装配

(1)压装气门导管油封

在气门杆端装以塑料套(保护油封，必须使用)，将导管油封涂好润滑油，装入专用工具内，小心地推入导管。

(2)装配气门组件

依次装上气门、气门弹簧下座、弹簧、弹簧上座。用专用工具压下气门弹簧上座，装入气门锁片。取下专用工具后，用木锤敲击各气门杆头部，使锁片与气门杆上的槽配合严密。

(3)安装挺杆

①机械式推杆。推杆缺口朝向进气歧管一方，涂上润滑油，放入已作出标记的相对应的推杆孔内，不得装错。

②液压推杆。装前涂以润滑油，并检查进排气门杆头与汽缸盖上端面的距离。注意：与凸轮接触部位出现明显磨损凹陷，必须更换。液压挺杆不可拆卸，必须整套更换。放置时工作面必须朝下，以免机油流失。杆上的槽配合严密。

4. 汽缸盖的安装

先安装汽缸盖垫，注意朝上标记。再转动曲轴，使各缸活塞均不在上止点位置，以防与气门相碰。装上汽缸盖、旋上缸盖螺栓。按照从中间向两边的顺序，分 2 次以上拧紧，并达到技术参数。

5. 安装凸轮

①检查凸轮轴驱动小齿轮的装配记号，在运动部位涂以润滑油后，安装在缸盖上。

②检查各轴承盖装配位置及标记(不可错装)并涂以润滑油。按规定顺序从中间向两边至少分两次以上交叉拧紧，直至达到规定力矩为止。

③安装半圆键和凸轮轴正时齿轮，再装上垫圈和轴头螺栓(拧紧力矩 80N · m)。

6. 正时齿形带轮的安装

安装曲轴正时齿轮、正时齿带，注意装配记号，并检查齿形带松紧度。

7. 气门间隙的检查

液压推杆的气门间隙不需要调整，但应检查并确定其液压作用所能补偿气门产生的间隙。检查方法是：起动发动机直至风扇运转；提高转速至 2500r/min，并保持 2min。若液压推杆仍有噪声，则属不正常，应查明原因予以排除。

可拆下气门室罩盖，旋转曲轴，使待查凸轮朝上，用楔形木棒压下推杆时，在气门开启前存在的间隙若大于0.10mm，则表明液压推杆已损坏不能使用，应换上新件。

8. 气门室罩的安装

在汽缸盖上装上导油板，衬垫上涂以密封胶，将气门室罩盖和加强板一同装上，旋紧罩盖紧固螺栓。

9. 齿形带罩的安装及发动机传动带的调整

①将衬条涂上密封胶，与齿形带上、下罩装在发动机上。旋紧固定螺栓和螺母，装上曲轴带轮，旋紧带盘固定螺栓，装上V带。

②旋松发动机支架及吊耳的固定螺栓，旋松调整螺母固定螺栓，转动调整螺母使V带张紧。螺母旋转力矩新带8N·m，旧带4N·m。用拇指压下传动带检查，最大挠度新带为2mm，旧带为5mm。若合适，则旋紧调整螺母固定螺栓，以及发电机支架和吊耳固定螺栓。

10. 油泵集滤器与分电器的安装

①安装油泵集滤器。

②在第一缸活塞位于压缩上止点位置时，对好分电器上的标记后，在分电器轴下端凸键与凸轮轴末端的凹槽对正的情况下，将分电器装入缸盖，并装上压板，旋紧固定螺栓(力量矩25N·m)。火花塞拧紧力矩为25N·m。

③再次转动曲轴(两整圈)，复查有关标记是否对正，以确定分电器安装位置是否正确无误。

11. 油底壳的安装及新机油的加注

①安装油底壳。清洗油底壳和汽缸体的结合表面，装上新衬垫(不要进行黏接)，对称均匀旋紧油底壳固定螺栓。

②加注新机油。

12. 进、排气歧管的安装

换装新衬垫，旋紧进气排歧管固定螺栓。

13. 发电机的安装

①以30N·m力矩拧紧发电机支架固定螺栓，以20N·m力矩拧紧发电机固定螺栓。

②检查发电机传动带挠度。在发电机传动带盘和曲轴传动带盘之间，用拇指以98N的力按下带时，其挠度应是8～12mm(新传动带为5～7mm)。注意：装传动带时，应用木棒在发电机前盖处用力撬动，不允许在后盖处撬动，以防

因后盖变形而压坏元件。

14. 电器及其他附件的安装(有的附件要根据情况提前安装)

安装机油滤清器、水泵、曲轴箱通风装置、燃油供给系、起动机，以及润滑、冷却系等外部附件以及导管、传感器和散热器等(注意技术参数)。

五、考核与评价

考评各组完成情况。

理论知识主要通过学生作业形式进行个人评价、小组互评和教师评价。实践操作则通过项目任务，根据各同学完成情况进行评价，并填入表3-7-7。

表3-7-7　任务评价记录表

评价项目	评价内容	分值	个人评价	小组评价	教师评价	得分
理论知识	机械零件的装配方法	20				
实践操作	发动机的总装	50				
安全文明	遵守操作规程	5				
	“5S”现场管理(整理、整顿、清扫、清洁、素养)	5				
	职业化素养	5				
学习态度	考勤情况	5				
	遵守纪律	5				
	团队协作	5				
成果分享	不足之处					
	收获之处					
	改进措施					

注：①“个人评价”由小组成员评价。

②“小组评价”由实习指导老师给予评价。

③“教师评价”由任课教师评价。

学习情景四　THMDZT-1 型机械装调技术综合实训装置安装与调试

情景引入

机器的装配是机器制造过程中的最后一个环节，它包括装配、调整、检验和试验等工作。装配过程使零件、套件、组件和部件间获得一定的相互位置关系，所以装配过程是一种工艺过程。

通过装配与调整机械实训装置，能够提高学生在机械制造企业及相关行业一线工艺装配与实施、机电设备安装调试和维护管理、机械加工质量分析与控制、基层生产管理等岗位的就业能力。

学习目标

1. 了解并熟悉实训装置的结构、工作原理。
2. 掌握实训装置运行原理，并学会分析实训装置中的一些传动特点。
3. 熟悉实训装置及其零件的装调要求。

学习内容

学习任务一　变速箱安装与调试。

学习任务二　齿轮减速器的装配与调整。

学习任务三　间歇回转工作台安装与调试。

学习任务四　自动冲床机构的装配与调试。

学习任务五　二维工作台的装配与调试。

学习任务六　机械系统的运行与调整。

学习任务一　变速箱安装与调试

工作任务卡见表 4-1-1。

表 4-1-1　工作任务卡

工作任务	变速箱安装与调试
任务描述	变速箱在普通机床、汽车发动机运用比较广泛，它分为手动、自动两种。手动变速箱主要由齿轮和轴组成，通过不同的齿轮组合产生变速；而自动变速箱由液力变扭器、行星齿轮和液压操纵系统组成，通过液力传递和齿轮组合的方式达到变速变矩 本任务的变速箱具有双轴三级变速输出，其中一轴输出带正反转功能，顶部用有机玻璃防护。主要由箱体、齿轮、花键轴、间隔套、键、角接触轴承、深沟球轴承、卡簧、端盖、手动换档机构等组成，可完成多级变速箱的装配工艺实训
任务要求	1. 根据“变速箱”装配图，使用相关工具、量具，进行变速箱的组合装配与调试，并达到以下实训要求： (1)能够读懂变速箱的部件装配图。通过装配图，能够清楚零件之间的装配关系，机构的运动原理及功能。理解图纸中的技术要求，基本零件的结构装配方法，轴承、齿轮精度的调整等 (2)能够规范合理的写出变速箱的装配工艺过程 (3)轴承的装配。轴承的清洗；规范装配，不能盲目敲打；根据运动部位要求，加入适量润滑脂 (4)齿轮的装配。齿轮的定位可靠，以承担负载，移动齿轮的灵活性。圆柱啮合齿轮的啮合齿面宽度差不的超过 5%(即两个齿轮的错位) (5)装配的规范化。合理的装配顺序；传动部件主次分明；运动部件的润滑；啮合部件间隙的调整 2. 实训目的 (1)培养学生的识图能力 (2)加强对装配工艺的重视 (3)掌握变速箱箱体的装配方法，能够根据机械设备的技术要求，按工艺过程进行装配，并达到技术要求 (4)培养学生对常见故障能够进行判断分析的能力 (5)培养学生对轴承的装配方法和装配步骤的训练 (6)训练轴承的装配方法和装配步骤
备注	

一、相关知识点收集

引导问题：在工作任务之前，应了解哪些必备知识？填入表4-1-2。

表4-1-2　知识点收集表

序号	知识点	内容	资料来源	收集人

二、分组讨论

引导问题：

(1)变速箱由哪几部分组成？简单描述各个部分的作用。

______

______

(2)想想轴承和齿轮的装配要点？

______

______

(3)如果要装配变速箱需要哪些工具？

______

______

三、制订工作计划

引导问题：为了在短时间获得更多的学习资源以及资源共享，将本次学习任务分为3个部分，各部分由1～2名同学分别掌握，然后大家分享。为此需要按以下步骤进行。

1. 相关学习资源的收集

收集相关学习资料，填写表4-1-3。

表4-1-3　学习资料收集表

班级：　　　　　　　　　　　　　　组别：

序号	知识点	内容	资料来源	收集人
1	变速箱的组成部分及作用			
2	轴承和齿轮的装配要点			
3	需要的拆装工具			

2. 现场学习与分享

结合变速箱为本组同学讲解。填入表 4-1-4。

表 4-1-4　现场学习与分享登记表

序号	知识点	讲解人
1	变速箱的组成部分及作用	
2	轴承和齿轮的装配要点	
3	需要的拆装工具	

3. 变速箱装配步骤

变速箱装配步骤方法表，填入表 4-1-5。

表 4-1-5　变速箱装配步骤

步骤	内容	分工	预期成果及检查项目

4. 实训设备、工具

引导问题：这些实训工具、辅料是什么规格？数量各是多少？谁负责领出、保管及归还？并记录在表 4-1-6 中。

表 4-1-6　实训设备、工具使用记录表

序号	名称	型号及规格	数量	备注
1	外用卡簧钳直角	7 寸	1	
2	十字起		1	
3	活动扳手	250mm	1	
4	零件盒		1	
5	拉马		1	
6	圆螺母扳手	M16、M27	各 1	
7	橡皮锤		1	
8	内六角扳手		1	
9	铜棒		1	
10	机械装调技术综合实训装置	THMDZT-1 型	1	
11	轴承装配套筒		1	
12	防锈油		若干	

四、执行工作计划

引导问题：如何实施？实施过程中如何组织与协调？谁负责记录？

变速箱装配步骤如下。

1. 工作准备

①熟悉图纸和零件清单、装配任务。

②检查文件和零件的完备情况。

③选择合适的工、量具。

④用清洁布清洗零件。

2. 变速箱的装配步骤

变变速箱的装配按箱体装配的方法进行装配，按从下到上的装配原则进行装配。

(1)变速箱底板和变速箱箱体联接

用内六角螺钉(M8 ×25)加弹簧垫圈，把变速箱底板和变速箱箱体联接。

图 4-1-1　变速箱底板和变速箱箱体

(2)安装固定轴

用冲击套筒把深沟球轴承压装到固定轴一端，固定轴的另一端从变速箱箱体的相应内孔中穿过，把第一个键槽装上键，安装上齿轮，装好齿轮套筒，再把第二个键槽装上键并装上齿轮，装好齿轮套筒，再把第二个键槽装上键并装上齿轮，装紧两个圆螺母(双螺母锁紧)，挤压深沟球轴承的内圈把轴承安装在轴上，最后打上两端的闷盖，闷盖与箱体之间通过测量增加青稞纸，游动端不用测量直接增加 0. 3mm 厚的青稞纸。

图 4-1-2　固定轴

(3)主轴的安装

将两个角接触轴承(按背靠背的装配方法)安装在轴上，中间加轴承内、外圈套筒。安装轴承座套和轴承透盖，轴承座套和轴承透盖之间通过测量增加厚度最接近的青稞纸。将轴端挡圈固定在轴上，按顺序安装四个齿轮和齿轮中间的齿轮套筒后，装紧两个圆螺母，轴承座套固定在箱体上，挤压深沟球轴承的内圈，把轴承安装在轴上，装上轴承闷盖，闷盖与箱体之间增加 0. 3mm 厚度的青稞纸，套上轴承内圈预紧套筒，最后通过调整圆螺母来调整两角接触轴承的预紧力。

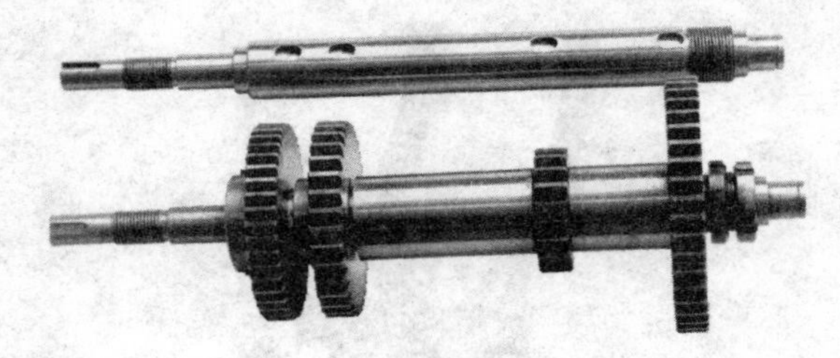

图 4-1-3　主轴

(4)花键导向轴的安装

把两个角接触轴承(按背靠背的装配方法)安装在轴上，中间加轴承内、外圈套筒。安装轴承座套和轴承透盖。轴承座套与轴承透盖之间通过测量增加厚度最接近的青稞纸。然后安装滑移齿轮组，轴承座套固定在箱体上，挤压轴承的内圈把深沟球轴承安装在轴上，装上轴用弹性挡圈和轴承闷盖，闷盖与箱体之间增加 0. 3mm 厚度的青稞纸。套上轴承内圈预紧套筒，最后通过调整圆螺母来调整两角接触轴承的预紧力。

图 4-1-4　花键导向轴的安装

(5)滑块拨叉的安装

把拨叉安装在滑块上，安装滑块滑动导向轴，装上 φ8 的钢球，放入弹簧，盖上弹簧顶盖，装上滑块拨杆和胶木球。调整两滑块拨杆的左右距离来调整齿轮的错位。

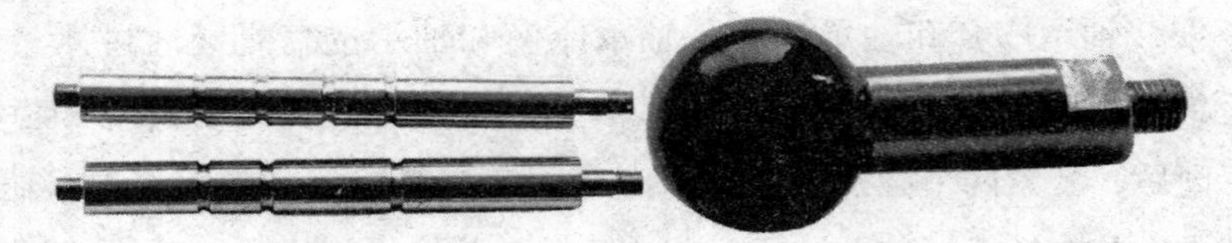

图 4-1-5　滑块拨杆和胶木球

图 4-1-6　滑块拨叉和滑块

(6) 上封盖的安装

把三块有机玻璃固定到变速箱箱体顶端。

3. 注意事项

(1) 实训工作台应放置平稳，平时应注意清洁，长时间不用时最好加涂防锈油。

(2) 实训时长头发学生需带戴防护帽，不准将长发露出帽外，除专项规定外，不准穿裙子、高跟鞋、拖鞋、风衣、长大衣等。

(3) 装置运行调试时，不准戴手套、长围巾等，其他佩带饰物不得悬露。

(4) 实训完毕后，及时关闭各电源开关，整理好实训器件放入规定位置。

五、考核与评价

考评各组完成情况，见表 4-1-7。

表 4-1-7　任务评价记录表

评价项目	评价内容	分值	个人评价	小组评价	教师评价	得分
理论知识	了解变速箱的作用；读懂变速箱部件装配图	10				
实践操作	能够进行变速箱部件装配并达到技术要求	20				
	进行变速器空转试验	20				
	对变速箱常见故障进行判断	20				
安全文明	遵守操作规程	5				
	“5S”现场管理（整理、整顿、清扫、清洁、素养）	5				
	职业化素养	5				
学习态度	考勤情况	5				
	遵守纪律	5				
	团队协作	5				
成果分享	不足之处					
	收获之处					
	改进措施					

注：①“个人评价”由小组成员评价。

②“小组评价”由实习指导老师给予评价。

③“教师评价”由任课教师评价。

六、知识拓展

机床变速箱是用来改变机床主运动速度（如主轴转速、工作台每分钟往复行程数等）的机构。它可以单独地装在一个箱体内构成机床的一个部件，也可以与其他机构共同装在一个箱体内，例如与主轴部件装在一起时就称为主轴变速箱。变速的方法包括通过变更传动件的组合实现有级变速和采用机械的、液压的或电力的机构实现无级变速。

机床主轴转速（或其他主运动速度）为有级变速时，转速一般按等比数列排列。常用的公比有 1.06、1.12、1.26、1.41、1.58、1.78、2.00 等。最高转速与最低转速之比称为变速范围 Rn。Rn 与变速级数 Z 之间的关系为 $Rn = Z - 1$。常用的变速级数为 2 或 3 的倍数，如 2、3、4、6、8、9、12、16、18、24、27 等。有些机床的转速在全部变速范围内有两个或两个以上的公比，在常用的区域(一般为中间部分)内取较小的公比，使转速较密，便于选用合适的转速，在其他区域(一般在两端)内取较大的公比，以满足个别工序或调整机床的需要，这种变速系统称为混合公比变速系统。变速箱中各传动件的运动传递关系可用传动系统图表示，它是用规定的图形符号画成的示意图。转速图表示传动系统中各轴可能获得的转速和其他传动特性的线图。图中各竖线依次代表各轴，各横线代表各轴的转速，由于转速取对数坐标，各横线间的距离相等，并等于1g，习惯上，就以这个距离代表公比。各竖线上的小圆圈表示该轴所能得到的几种转速。两圆圈之间的连线表示一传动副，并按其倾斜程度表示传动比的大小，两轴间相互平行的连线代表同一传动副。从转速图上可以看出这一系统的传动组数、各组的传动副数、变速级数、变速范围、各轴的转速和各传动副的传动比等。

变速方式：变速箱中有级变速的方式可采用滑移齿轮、离合器和交换齿轮等或它们的组合。采用滑移齿轮和爪形离合器变速时，主轴必须停止或缓慢旋转，但结构比较简单。采用多片式电磁离合器或液压离合器可在机床运转时变速，并便于实现远距离操纵和自动变速，适用于数字控制机床、仿形机床和其他自动化程度较高的机床。交换齿轮变速只适用于不经常变速的专用机床或专门化机床。无级变速可采用机械无级变速、液压马达、直流电动机或可变速的交流电动机。

操纵机构：变速操纵机构主要有分散式、集中式和预选式 3 种。对于分散式操纵机构，一般须操纵多个操作件(手柄或按钮)才能完成一个变速过程。集中式操纵机构由一个或两个操作件完成一个变速过程，操作方便，但结构较复杂。预选式操纵机构可以在机床工作中预先选择下一工序所需的转速，转入下一工序时操纵一个操作件即可实现变速，缩短了辅助时间，但结构复杂。

学习任务二　齿轮减速器的装配与调整

表 4-2-1　工作任务卡

工作任务	齿轮减速器的装配与调整
任务描述	齿轮减速器是电动机和工作机之间独立的密闭传动装置，用来降低转速和转矩，以满足工作需要。在某些场合也用来增速，称为增速器 通过任务，应能正确掌握齿轮减速器的装配方法，根据技术要求按工艺进行装配；能够进行空转试验，掌握轴承的装配方法和装配步骤训练
任务要求	1. 根据“齿轮减速器”装配图，使用相关工具、量具，进行齿轮减速器的组合装配与调试，并达到以下实训要求： (1)能够读懂齿轮减速器的部件装配图。通过装配图能够清楚零件之间的装配关系，机构的运动原理及功能。理解图纸中的技术要求，基本零件的结构装配方法，轴承、齿轮精度的调整等 (2)能够规范合理的写出齿轮减速器的装配工艺过程 (3)轴承的装配。轴承的清洗(一般用柴油、煤油)；规范装配，不能盲目敲打(通过钢套，用锤子均匀地敲打)；根据运转部位要求，加入适量润滑脂 (4)齿轮的装配。齿轮的定位可靠，以承担负载，移动齿轮的灵活性。圆柱啮合齿轮的啮合齿面宽度差不得超过5%(即两个齿轮的错位) (5)装配的规范化 2. 实训目的 (1)培养学生的识图能力 (2)加强对装配工艺的重视，一部机器由许多不同的部件组成，部件又由许多不同的零件组成，因此装配工艺就是整个装配过程中的总指挥，指导装配工作的顺序 (3)掌握齿轮减速器的装配方法，能够根据机械设备的技术要求、按工艺过程进行装配，并达到技术要求

续表

工作任务	齿轮减速器的装配与调整
任务要求	(4)培养学生进行齿轮减速器设备空运转试验，对常见故障能够进行判断分析的能力。 (5)训练轴承的装配方法和装配步骤
备注	

一、相关知识点收集

引导问题：在工作任务之前，应了解哪些必备知识？填入表4-2-2。

表4-2-2　知识点收集表

序号	知识点	内容	资料来源	收集人

二、分组讨论

引导问题：

(1)减速器由哪几部分组成？简单描述各个部分的作用。

____

____

(2)想想齿轮减速器的装配要点？

____

____

(3)如果要装配齿轮减速器需要哪些工具？

____

____

三、制订工作计划

引导问题：为了在短时间获得更多的学习资源以及资源共享，将本次学习任务分为 3 个部分，各部分由 1 ~2 名同学分别掌握，然后大家分享。为此需要按以下步骤进行。

1. 相关学习资源的收集

收集相关学习资料，填入表 4-2-3。

表 4-2-3　学习资料收集表

班级：　　　　　　　　　　　　　　组别：

序号	知识点	内容	资料来源	收集人
1	减速器的组成部分及作用			
2	齿轮减速器的装配要点			
3	需要的拆装工具			

2. 现场学习与分享

结合变速箱为本组同学讲解。填入表 4-2-4。

表 4-2-4　现场学习与分享登记表

序号	知识点	讲解人
1	减速器的组成部分及作用	
2	齿轮减速器的装配要点	
3	需要的拆装工具	

3. 齿轮减速器装配步骤

齿轮减速器装配步骤方法，填入表 4-2-5。

表 4-2-5　齿轮减速器装配步骤

步骤	内容	分工	预期成果及检查项目

4. 实训设备、工具

引导问题：这些实训工具、辅料是什么规格？数量各是多少？谁负责领出、保管及归还？并记录在表 4-2-6 中。

表 4-2-6 实训设备、工具使用记录表

序号	名称	型号及规格	数量	备注
1	外用卡簧钳直角	7 寸	1	
2	十字起		1	
3	活动扳手	250mm	1	
4	零件盒		1	
5	拉马		1	
6	圆螺母扳手	M16、M27	各 1	
7	橡皮锤		1	
8	内六角扳手		1	
9	铜棒		1	
10	机械装调技术综合实训装置	THMDZT-1 型	1	
11	轴承装配套筒		1	
12	防锈油		若干	

四、执行工作计划

引导问题：如何实施？实施过程中如何组织与协调？谁负责记录？

1. 齿轮减速器装配步骤

(1)工作准备

①熟悉图纸和零件清单、装配任务。

②检查文件和零件的完备情况。

③选择合适的工具、量具。

④用清洁布清洗零件。

(2)齿轮减速器装配步骤

①左右挡板的安装：将左右挡板固定在齿轮减速器底座上，并测量减速箱立板平行度。

②输入轴的安装：将两个角接触轴承(按背靠背的装配方法)装在输入轴上，轴承中间加轴承内、外圈套筒；安装轴承座套和轴承透盖，轴承座套与轴承透盖通过测量增加厚度最接近的青稞纸；安装好齿轮和轴套后，轴承座套固定在箱体上，挤压深沟球轴承的内圈把轴承安装在轴上，装上轴承闷盖，闷盖

与箱体之间增加 0. 3mm 厚度的青稞纸；套上轴承内圈预紧套筒；最后通过调整圆螺母来调整两角接触轴承的预紧力。

③中间轴的安装：把深沟球轴承压装到固定轴一端，安装两个齿轮和齿轮中间的齿轮套筒及轴套后，挤压深沟球轴承的内圈，把轴承安装在轴上，最后打上两端的闷盖。闷盖与箱体之间通过测量增加青稞纸，游动端一端不用测量直接增加 0. 3mm 厚的青稞纸。

④输出轴的安装：将轴承座套套在输入轴上，把两个角接触轴承(按背靠背的装配方法)装在轴上，轴承中间加轴承内、外圈套筒。装上轴承透盖，透盖与轴承套之间通过测量增加厚度最接近的青稞纸。安装好齿轮后，装紧两个圆螺母，挤压深沟球轴承的内圈把轴承安装在轴上，装上轴承闷盖，闷盖与箱体之间增加 0. 3mm 厚度的青稞纸。套上轴承内圈预紧套筒。最后通过调整圆螺母来调整两角接触轴承的预紧力。

2. 注意事项

①实训工作台应放置平稳，平时应注意清洁，长时间不用时最好加涂防锈油。

②实训时长头发学生需带戴防护帽，不准将长发露出帽外。除专项规定外，不准穿裙子、高跟鞋、拖鞋、风衣、长大衣等。

③装置运行调试时，不准戴手套、长围巾等，其他佩带饰物不得悬露。

④实训完毕后，及时关闭各电源开关，整理好实训器件放入规定位置。

五、考核与评价

考评各组完成情况。

理论知识主要通过学生作业形式进行个人评价、小组互评和教师评价。实践操作则通过项目任务，根据各同学完成情况进行评价。并填写任务评价记录表 4-2-7。

表 4-2-7　任务评价记录表

评价项目	评价内容	分值	个人评价	小组评价	教师评价	得分
理论知识	读懂齿轮减速器的部件装配图；确定齿轮减速器的装配工艺工序	10				

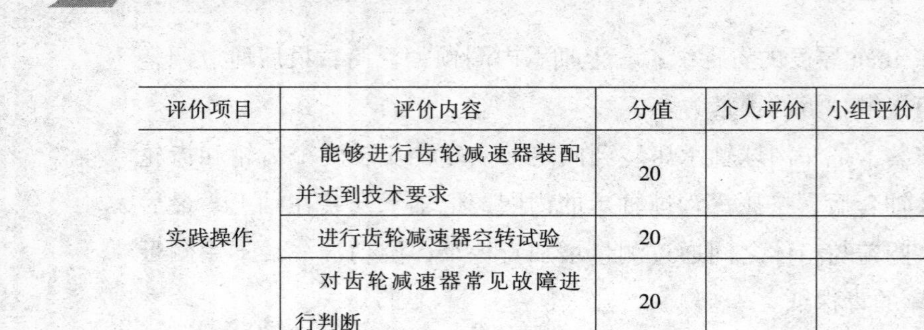

续表

评价项目	评价内容	分值	个人评价	小组评价	教师评价	得分
实践操作	能够进行齿轮减速器装配并达到技术要求	20				
	进行齿轮减速器空转试验	20				
	对齿轮减速器常见故障进行判断	20				
安全文明	遵守操作规程	5				
	“5S”现场管理（整理、整顿、清扫、清洁、素养）	5				
	职业化素养	5				
学习态度	考勤情况	5				
	遵守纪律	5				
	团队协作	5				
成果分享	不足之处					
	收获之处					
	改进措施					

注：①“个人评价”由小组成员评价。

②“小组评价”由实习指导老师给予评价。

③“教师评价”由任课教师评价。

六、知识拓展

齿轮减速器是原动机和工作机之间的独立的闭式传动装置，用来降低转速和增大转矩，以满足工作需要，在某些场合也用来增速，称为增速器。

1. 性能特点

齿轮减速器是减速电机和大型减速机的结合。无须联轴器和适配器，结构紧凑。负载分布在行星齿轮上，因而承载能力比一般斜齿轮减速机高。满足小空间高扭矩输出的需要。

广泛应用于大型矿山、钢铁、化工、港口、环保等领域。

①可靠的工业用齿轮传递元件；

②可靠结构与多种输入相结合适应特殊的使用要求；

③传递功率的能力高而结构紧凑，齿轮结构根据模块设计原理确定；

④易于使用和维护，根据技术和工程情况配置和选择材料；

⑤转矩范围从 360 000N · m 到 1 200 000N · m。

图 4-2-1 齿轮减速器

2. 分类

选用减速器时应根据工作机的选用条件、技术参数、动力机的性能、经济性等因素，比较不同类型、品种减速器的外廓尺寸，传动效率，承载能力，质量，价格等，选择最适合的减速器。

与减速器联接的工作机载荷状态比较复杂，对减速器的影响很大，是减速器选用及计算的重要因素，减速器的载荷状态即工作机（从动机）的载荷状态，通常分为三类：①均匀载荷；②中等冲击载荷；③强冲击载荷。

3. 油箱渗漏原因

（1）油箱内压力升高

在封闭的减速机里，每一对齿轮相啮合发生摩擦便要发出热量，根据玻意耳-马略特定律，随着运转时间的加长，使减速机箱内温度逐渐升高，而减速机箱内体积不变，故箱内压力随之增加，箱体内润滑油经飞溅，洒在减速机箱内壁。由于油的渗透性比较强，在箱内压力下，哪一处密封不严，油便从哪里渗出。

（2）减速机结构设计不合理引起漏油

如设计的减速机没有通风罩，减速机无法实现均压，造成箱内压力越来越高，出现漏油现象。

（3）加油量过多

减速机在运转过程中，油池被搅动得很厉害，润滑油在机内到处飞溅，如果加油量过多，使大量润滑油积聚在轴封、结合面等处，导致泄漏。

（4）检修工艺不当

在设备检修时，由于结合面上污物清除不彻底，或密封胶选用不当、密封件方向装反、不及时更换密封件等也会引起漏油。

4. 油箱渗漏处理方案

减速机漏油，可采用高分子复合材料修复治理减速机渗漏油。高分子复合材料是以高分子聚合物、金属或陶瓷超细粉末、纤维等为基料，在固化剂、固化促进剂的作用下复合而成的材料。各种材料在性能上互相取长补短，产生协同效应，使复合材料的综合性能优于原组成材料；具备极强的粘接力、机械性能和耐化学腐蚀等性能，因而广泛应用于金属设备的机械磨损、划伤、凹坑、裂缝、渗漏、铸造砂眼等的修复以及各种化学储罐、反应罐、管道的化学防腐保护及修复。

学习任务三　间歇回转工作台安装与调试

工作任务卡见表4-3-1。

表 4-3-1　工作任务卡

工作任务	间歇回转工作台安装与调试
任务描述	回转工作台主要由四槽槽轮机构、蜗轮蜗杆、推力球轴承、角接触轴承、台面、支架等组成。由变速箱经链传动、齿轮传动、蜗轮蜗杆传动及四槽槽轮机构分度后，实现间歇回转功能 通过任务，应能正确掌握间歇回转工作台的装配方法。根据技术要求按工艺进行装配；能够进行空转试验，能完成蜗轮蜗杆、四槽槽轮、轴承等的装配与调整实训。掌握间歇机构的装配方法和装配步骤训练
任务要求	1. 根据间歇回转工作台装配图，进行间歇回转工作台的组合装配与调试，使“间歇回转工作台”运转灵活无卡阻现象 2. 实训目的 (1) 培养学生的识图能力，通过装配图，能够清楚零件之间的装配关系，机构的运动原理及功能，理解图纸中的技术要求，以及对基本零件结构装配方法的熟练运用 (2) 掌握正确的轴承装配方法和装配步骤 (3) 了解槽轮机构的工作原理及用途 (4) 了解蜗轮蜗杆、锥齿轮、圆柱齿轮传动的特点
备注	

一、相关知识点收集

引导问题：在工作任务之前，应了解哪些必备知识？填入表 4-3-2。

表 4-3-2 知识点收集表

序号	知识点	内容	资料来源	收集人

二、分组讨论

引导问题：

(1) 间歇回转工作台由哪几部分组成？简单描述各个部分的作用。

(2) 想想蜗轮蜗杆及四槽槽轮机构的装配要点？

(3) 如果要装配间歇回转工作台需要哪些工具？

三、制订工作计划

引导问题：为了在短时间获得更多的学习资源以及资源共享，将本次学习任务分为 3 个部分，各部分由 1 ~ 2 名同学分别掌握，然后大家分享。为此需要按以下步骤进行。

1. 相关学习资源的收集

收集相关学习资料，并填写表 4-3-3。

表 4-3-3　学习资料收集表

班级：　　　　　　　　　　　　　　组别：

序号	知识点	内容	资料来源	收集人
1	间歇回转工作台的组成部分及作用			
2	蜗轮蜗杆及四槽槽轮机构的装配要点			
3	需要的拆装工具			

2. 现场学习与分享

结合间歇回转工作台为本组同学讲解。填入表 4-3-4。

表 4-3-4　现场学习与分享登记表

序号	知识点	讲解人
1	间歇回转工作台的组成部分及作用	
2	蜗轮蜗杆及四槽槽轮机构的装配要点	
3	需要的拆装工具	

3. 间歇回转工作台装配步骤方法，表填入表 4-3-5。

表 4-3-5　间歇回转工作台装配步骤

步骤	内容	分工	预期成果及检查项目

4. 实训设备、工具

引导问题：这些实训工具、辅料是什么规格？数量各是多少？谁负责领出、保管及归还？并记录在表 4-3-6 中。

表 4-3-6　实训设备、工具使用记录

序号	名称	型号及规格	数量	备注
1	外用卡簧钳直角	7 寸	1	

（续）

序号	名称	型号及规格	数量	备注
2	普通游标卡尺	300mm	1	
3	深度游标卡		1	
4	零件盒		1	
5	橡皮锤		1	
6	内六角扳手		1	
7	铜棒		1	
8	机械装调技术综合实训装置	THMDZT-1 型	1	
9	轴承装配套筒		1	
10	防锈油		若干	
11	内六角扳手		1	

四、执行工作计划

引导问题：如何实施？实施过程中如何组织与协调？谁负责记录？

间歇回转工作台装配步骤如下。

1. 工作准备

(1)熟悉图纸和零件清单、装配任务。

(2)检查文件和零件的完备情况。

(3)选择合适的工具、量具。

(4)用清洁布清洗零件。

2. 间歇回转工作台的装配步骤

间歇回转工作台的安装应遵循先局部后整体的安装方法，首先对分立部件进行安装，然后把各个部件进行组合，完成整个工作台的装配。

(1)蜗杆部分的装配(见附图四分度转盘部件装配图)

①用轴承装配套筒将两个45(蜗杆用轴承及圆锥滚子轴承)内圈装在18(蜗杆)的两端。注：圆锥滚子内圈的方向。

②用轴承装配套筒将两个45(蜗杆用轴承及圆锥滚子轴承)外圈分别装在两个69(轴承座(三))上，并把15(蜗杆轴轴承端盖(二))和47(蜗杆轴轴承端盖(一))分别固定在轴承座上。注：圆锥滚子外圈的方向。

③将18(蜗杆)安装在两个69(轴承座(三))上，并把两个69(轴承座(三))固定在51(分度机构用底板)上。

④在蜗杆的主动端装入相应键，并用53(轴端挡圈)将67(小齿轮(二))固定在蜗杆上。

(2)锥齿轮部分的装配

①在57(小锥齿轮轴)安装锥齿轮的部位装入相应的键，并将7(锥齿轮一)和58(轴套)装入。

②将两个4(轴承座一)分别套在57(小锥齿轮轴)的两端，并用轴承装配套筒将四个角接触轴承以两个一组面对面的方式安装在46(小锥齿轮轴)上，然后将轴承装入轴承座。注：中间加12(间隔环一)、13(间隔环二)。

③在57(小锥齿轮轴)的两端分别装入φ15轴用弹性挡圈，将两个3(轴承座透盖一)固定到轴承座上。

④将两个轴承座分别固定在52(小锥齿轮底板)上。

⑤在57(小锥齿轮轴)两端各装入相应键，用53(轴端挡圈)将63(大齿轮)、56(08B24链轮)固定在57(小锥齿轮轴)上。

(3)增速齿轮部分的装配

①用轴承装配套筒将两个深沟球轴承装在10(齿轮增速轴)上，并在相应位置装入φ15轴用弹性挡圈。注：中间加12(间隔环一)和13(间隔环二)。

②将安装好轴承的10(齿轮增速轴)装入4(轴承座一)中，并将11(轴承座透盖二)安装在轴承座上。

③在10(齿轮增速轴)两端各装入相应的键，用53(轴端挡圈)将65(小齿轮一)、63(大齿轮)固定在10(齿轮增速轴)上。

(4)蜗轮部分的装配

①将50(蜗轮蜗杆用透盖)装在21(蜗轮轴)上，用轴承装配套筒将圆锥滚子轴承内圈装在21(蜗轮轴)上。

②用轴承装配套筒将圆锥滚子的外圈装入49(轴承座二)中，将圆锥滚子轴承装入49(轴承座二)中，并将50(蜗轮蜗杆用透盖)固定在49(轴承座二)上。

③在21(蜗轮轴)上安装蜗轮的部分安装相应的键，并将19(蜗轮)装在21(蜗轮轴)上，然后装入用20(圆螺母)固定。

(5)槽轮拨叉部分的装配

①用轴承装配套筒将深沟球轴承安装在39(槽轮轴)上，并装上φ17轴用弹性挡圈。

②将 39（槽轮轴）装入 26（底板）中，并把 42（底板轴承盖二）固定在 26（底板）上。

③在 39（槽轮轴）的两端各加入相应的键分别用轴端挡圈、紧定螺钉将 43（四槽轮）和 35（法兰盘）固定在 39（槽轮轴）上。

④用轴承装配套筒将角接触轴承安装到 26（底板）的另一轴承装配孔中，并将 24（底板轴承盖一）安装到 26（底板）上。

（6）整个工作台的装配

①将 51（分度机构用底板）安装在铸铁平台上。

②通过 49（轴承座二）将蜗轮部分安装在 51（分度机构用底板）上。

③将蜗杆部分安装在 51（分度机构用底板）上，通过调整蜗杆的位置，使蜗轮、蜗杆正常啮合。

④将 70（立架）安装在 51（分度机构用底板）上。

⑤在 21（蜗轮轴）先装上 20（圆螺母）再装 17（锁止弧）的位置装入相应键，并用 23（圆螺母）将 17（锁止弧）固定在 21（蜗轮轴）上，再装上一个 23（圆螺母）上面套上 27（套管）。

⑥调节四槽轮的位置，将四槽轮部分安装在 70（支架）上，同时使 21（蜗轮轴）轴端装入相应位置的轴承孔中，用 28（蜗轮轴端用螺母）将蜗轮轴锁紧在深沟球轴承上。

⑦将 41（推力球轴承限位块）安装在 26（底板）上，并将推力球轴承套在 41（推力球轴承限位块）上。

⑧通过 35（法兰盘）将 40（料盘）固定。

⑨将增速齿轮部分安装在 51（分度机构用底板）上，调整增速齿轮部分的位置，使 63（大齿轮）和 67（小齿轮二）正常啮合。

⑩将锥齿轮部分安装在铸铁平台上，调节 52（小锥齿轮用底板）的位置，使 65（小齿轮一）和 63（大齿轮）正常啮合。

3. 注意事项

（1）实训工作台应放置平稳，平时应注意清洁，长时间不用时最好加涂防锈油。

（2）实训时长头发学生需带戴防护帽，不准将长发露出帽外，除专项规定外，不准穿裙子、高跟鞋、拖鞋、风衣、长大衣等。

（3）装置运行调试时，不准戴手套、长围巾等，其他佩带饰物不得悬露。

（4）实训完毕后，及时关闭各电源开关，整理好实训器件放入规定位置。

五、考核与评价

考评各组完成情况。

理论知识主要通过学生作业形式进行个人评价、小组互评和教师评价。实践操作则通过项目任务，根据各同学完成情况进行评价。并填写任务评价记录表 4-3-7。

表 4-3-7　任务评价记录表

评价项目	评价内容	分值	个人评价	小组评价	教师评价	得分
理论知识	读懂间歇回转工作台装配图；确定间歇回转工作台装配工艺工序	10				
实践操作	能够进行间歇回转工作台装配并达到技术要求	20				
	进行间歇回转工作台空转试验	20				
	对间歇回转工作台常见故障进行判断	20				
安全文明	遵守操作规程	5				
	“5S”现场管理（整理、整顿、清扫、清洁、素养）	5				
	职业化素养	5				
学习态度	考勤情况	5				
	遵守纪律	5				
	团队协作	5				
成果分享	不足之处					
	收获之处					
	改进措施					

注：①“个人评价”由小组成员评价。

②“小组评价”由实习指导老师给予评价。

③“教师评价”由任课教师评价。

六、知识拓展

回转工作台是数控铣床、数控镗床、加工中心等数控机床不可缺少的重要

附件(或部件)。它的作用是按照控制装置的信号或指令作回转分度或连续回转进给运动，以使数控机床能完成指定的加工工序。常用的回转工作台有分度工作台和数控回转工作台。下文主要介绍分度工作台。

分度工作台的功能是完成回转分度运动，即在需要分度时，将工作台及其工件回转一定角度。其作用是在加工中自动完成工件的转位换面，实现工件一次安装完成几个面的加工。由于结构上的原因，通常分度工作台的分度运动只限于某些规定的角度；不能实现 0～360°范围内任意角度的分度。

为了保证加工精度，分度工作台的定位精度(定心和分度)要求很高。实现工作台转位的机构很难达到分度精度的要求，所以要有专门定位元件来保证。按照采用的定位元件不同，有定位销式分度工作台和鼠齿盘式分度工作台。

1. 定位销式分度工作台

定位销式分度工作台采用定位销和定位孔作为定位元件，定位精度取决于定位销和定位孔的精度(位置精度、配合间隙等)，最高可达 ±5″。因此，定位销和定位孔衬套的制造和装配精度要求都很高，硬度的要求也很高，而且耐磨性要好。

工作台的底部均匀分布着 8 个(削边圆柱)定位销，在工作台下底座上有一个定位衬套以及环形槽。定位时只有一个定位销插进定位衬套的孔中，其余 7 个则进入环形槽中，由于定位销之间的分布角度为 45°，故只能实现 45°等分的分度运动。定位销式分度工作台作分度运动时，其工作过程分为 3 个步骤：

(1)松开锁紧机构并拔出定位销

当数控装置发出指令时，下底座上的六个均布锁紧油缸卸荷。活塞拉杆在弹簧的作用下上升 15mm，使工作台处于松开状态。同时，间隙消除油缸也卸荷，中心油缸从管道进压力油，使活塞上升，并通过螺栓、支座把止推轴承向上抬起，顶在上底座上，再通过螺钉、锥套使工作台抬起 15mm，圆柱销从定位衬套中拔出。

(2)工作台回转分度

当工作台抬起之后发出信号使油马达驱动减速齿轮，带动与工作台底部联接的大齿轮回转，进行分度运动。在大齿轮上以 45°的间隔均布 8 个挡块，分度时，工作台先快速回转。当定位销即将进入规定位置时，挡块碰撞第 1 个限位开关，发出信号使工作台降速，当挡块碰撞第 2 个限位开关时，工作台停止回转，此时，相应的定位销正好对准定位衬套。

(3)工作台下降并锁紧

分度完毕后，发出信号使中心油缸卸荷，工作台靠自重下降，定位销插进定位衬套中，在锁紧工作台之前，消除间隙的油缸通压力油，活塞顶向工作台，消除径向间隙。然后使锁紧油缸的上腔通压力油，活塞拉杆下降，通过拉杆将工作台锁紧。

工作台的回转轴支承在加长型双列圆柱滚子轴承和滚针轴承中，轴承的内孔带有1∶12的锥度，用来调整径向间隙。另外，它的内环可以带着滚柱在加长的外环内作15mm的轴向移动。当工作台抬起时，支座的一部分推力由止推轴承承受，这将有效地减小分度工作台的回转摩擦阻力矩，使工作台转动灵活。

2. 鼠齿盘式分度工作台

鼠齿盘式分度工作台采用鼠齿盘作为定位元件。这种工作台有以下特点：

①定位精度高，分度精度可达±2″，最高可达±0.4″。

②由于采用多齿重复定位，因而重复定位精度稳定。

③由于多齿啮合，一般齿面啮合长度不少于60%，齿数啮合率不少于90%，所以定位刚度好，能承受很大外载。

④最小分度为360°/Z(Z为鼠齿盘的齿数)，因而分度数目多，适用于多工位分度。

⑤磨损小，且由于齿盘啮合、脱开相当于两齿盘对研过程，所以，随着使用时间的延续，其定位精度不断进步，使用寿命长。

⑥鼠齿盘的制造比较困难。

鼠齿盘式分度工作台的结构，主要由一对分度鼠齿盘，升夹油缸，活塞，液压马达，蜗轮副，减速齿轮副等组成。其工作过程如下：

(1)工作台抬起，齿盘脱离啮合

当需要分度时，控制系统发出分度指令，压力油进进分度工作台中心的升夹油缸的下腔，活塞向上移动，通过止推轴承和带动工作台向上抬起，使上、下齿盘脱离啮合，完成分度的预备工作。

(2)回转分度

当工作台抬起后，通过推动杆和微动开关发出信号，启动液压马达旋转，通过蜗轮和齿轮副带动工作台进行分度回转运动。工作台分度回转角度由指令给出，共有八个等分，即为45°的整倍数。当工作台的回转角度接近所要分度的角度时，减速挡块使微动开关动作，发出减速信号使液压马达低速回转，为齿盘正确定位创造条件；当达到要求的角度时，准停挡块压合微动开关发出信号，使液压马达停止转动，工作台便完成回转分度工作。

(3)工作台下降，完成定位夹紧

液压马达停止转动的同时，压力油进进升夹油缸的上腔，推动活塞带动工作台下降，数控机床的结构与传动种圆弧或与直线坐标轴联动加工曲面，又能作为分度头完成工件的转位换面。

学习任务四　自动冲床机构的装配与调试

工作任务卡见表 4-4-1。

表 4-4-1　工作任务卡

工作任务	自动冲床机构的装配与调试
任务描述	轴一　轴二　透盖　闷盖　曲轴上端盖　曲轴下端盖　滑套固定板　加强筋　压头连接体　滑块固定板　滑套固定板垫块　模拟冲头　冲头导向套 自动冲床机构主要由曲轴、连杆、滑块、支架轴承等组成，与间歇回转工作台配合，实现压料功能模拟 通过任务，应能正确掌握自动冲床机构的装配方法，根据技术要求按工艺进行装配；能够进行空转试验，能完成曲轴、连杆、滑块、支架轴承等的装配与调整实训。可完成自动冲床机构的装配工艺实训
任务要求	1. 根据自动冲床装配图，使用相关工具、量具，进行自动冲床的组合装配与调试，使自动冲床机构运转灵活，无卡阻现象 2. 实训目的 (1)培养学生的识图能力，通过装配图，能够清楚零件之间的装配关系，机构的运动原理及功能，理解图纸中的技术要求，基本零件的结构装配方法 (2)能够根据机械设备的技术要求，确定装配工艺顺序的能力 (3)培养学生进行自动冲床设备空运转试验，对常见故障能够进行判断分析的能力 (4)训练轴承的装配方法和装配步骤
备注	

一、相关知识点收集

引导问题：在工作任务之前，应了解哪些必备知识？填入表 4-4-2。

表 4-4-2　知识点收集表

序号	知识点	内容	资料来源	收集人

二、分组讨论

引导问题：

(1) 自动冲床机构由哪几部分组成？简单描述各个部分的作用。

____

____

(2) 想想曲轴、连杆、滑块的装配要点？

____

____

(3) 如果要装配自动冲床机构需要哪些工具？

____

____

三、制订工作计划

引导问题：为了在短时间获得更多的学习资源以及资源共享，将本次学习任务分为 3 个部分，各部分由 1 ~2 名同学分别掌握，然后大家分享。为此需要按以下步骤进行。

1. 相关学习资源的收集

收集相关学习资料，并填入表 4-4-3。

表 4-4-3　学习资料收集表

班级：　　　　　　　　　　　　组别：

序号	知识点	内容	资料来源	收集人
1	自动冲床机构的组成部分及作用			
2	曲轴、连杆、滑块的装配要点			
3	需要的拆装工具			

2. 现场学习与分享

结合自动冲床机构为本组同学讲解。填入表 4-4-4。

表 4-4-4　现场学习与分享登记表

序号	知识点	讲解人
1	自动冲床机构的组成部分及作用	
2	曲轴、连杆、滑块的装配要点	
3	需要的拆装工具	

3. 自动冲床机构装配步骤

自动冲床机构装配步骤方法表，填入表 4-4-5。

表 4-4-5　自动冲床机构装配步骤

步骤	内容	分工	预期成果及检查项目

4. 实训设备、工具

引导问题：这些实训工具、辅料是什么规格？数量各是多少？谁负责领出、保管及归还？并记录在表 4-4-6 中。

表 4-4-6　实训设备、工具使用记录表

序号	名称	型号及规格	数量	备注
1	普通游标卡尺	300mm	1	
2	零件盒		1	
3	橡皮锤		1	
4	内六角扳手		1	
5	铜棒		1	
6	机械装调技术综合实训装置	THMDZT-1 型	1	
7	防锈油		若干	
8	内六角扳手		1	

四、执行工作计划

引导问题：如何实施？实施过程中如何组织与协调？谁负责记录？

自动冲床机构（图 4-4-1）装配步骤如下。

1. 工作准备

①熟悉图纸和零件清单、装配任务。

②检查文件和零件的完备情况。

③选择合适的工具、量具。

④用清洁布清洗零件。

2. 自动冲床机构的装配步骤

（1）轴承的装配与调整

首先用轴承套筒将 6002 轴承装入轴承室中（在轴承室中涂抹少许黄油），转动轴承内圈，轴承应转动灵活，无卡阻现象；观察轴承外圈是否安装到位。

（2）曲轴的装配与调整

①安装轴二：将透盖用螺钉拧紧，将轴二装好，然后再装好轴承的右传动轴挡套。

②安装曲轴：轴瓦安装在曲轴下端盖的 U 型槽中，然后装好中轴，盖上轴瓦另一半，将曲轴上端盖装在轴瓦上，将螺钉预紧，用手转动中轴，中轴应转动灵活。

③将已安装好的曲轴固定在轴二上，用 M5 的外六角螺钉预紧。

④安装轴一：将轴一装入轴承中（由内向外安装），将已安装好的曲轴的另一端固定在轴一上，此时可将曲轴两端的螺钉拧紧，然后将左传动轴压盖固定在轴一上，然后再将左传动轴的闷盖装上，并将螺钉预紧。

⑤最后在轴二上装键，固定同步轮，然后转动同步轮，曲轴转动灵活，无卡阻现象。

（3）冲压部件的装配

冲压部件的装配与调整将“压头连接体”安装在曲轴上。

（4）冲压机构导向部件的装配与调整

①首先将滑套固定垫块固定在滑块固定板上，然后再将滑套固定板加强筋固定，安装好冲头导向套，螺钉为预紧状态。

②将冲压机构导向部件安装在自动冲床上，转动同步轮，冲压机构运转灵活，无卡阻现象，最后将螺钉打紧，再转动同步轮，调整到最佳状态，在滑动

部分加少许润滑油。

3. 自动冲床部件的手动运行与调整

完成上述步骤，将手轮上的手柄拆下，安装在同步轮上，摇动手柄，观察模拟冲头运行状态，多运转几分钟，仔细观察各个部件是否运行正常，正常后加入少许润滑油。

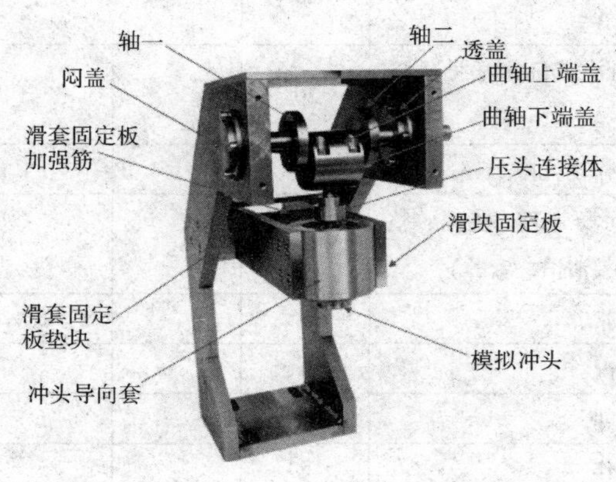

图 4-4-1　自动冲床机构

4. 注意事项

①实训工作台应放置平稳，平时应注意清洁，长时间不用时最好加涂防锈油。

②实训时长头发学生需戴防护帽，不准将长发露出帽外。除专项规定外，不准穿裙子、高跟鞋、拖鞋、风衣、长大衣等。

③装置运行调试时，不准戴手套、长围巾等，其他佩带饰物不得悬露。

④实训完毕后，及时关闭各电源开关，整理好实训器件放入规定位置。

五、考核与评价

考评各组完成情况。

理论知识主要通过学生作业形式进行个人评价、小组互评和教师评价。实践操作则通过项目任务，根据各同学完成情况进行评价。并填写任务评价记录表 4-4-7。

表 4-4-7　任务评价记录表

评价项目	评价内容	分值	个人评价	小组评价	教师评价	得分
理论知识	读懂自动冲床机构装配图；确定自动冲床机构装配工艺工序	10				

续表

评价项目	评价内容	分值	个人评价	小组评价	教师评价	得分
实践操作	能够装配自动冲床机构并达到技术要求	20				
	进行自动冲床机构空转试验	20				
	对自动冲床机构常见故障进行判断	20				
安全文明	遵守操作规程	5				
	“5S”现场管理（整理、整顿、清扫、清洁、素养）	5				
	职业化素养	5				
学习态度	考勤情况	5				
	遵守纪律	5				
	团队协作	5				
成果分享	不足之处					
	收获之处					
	改进措施					

注：①“个人评价”由小组成员评价。

②“小组评价”由实习指导老师给予评价。

③“教师评价”由任课教师评价。

六、知识拓展

1. 冲床

冲床就是一台冲压式压力机（图4-4-2）。在生产中，冲压工艺由于比传统机械加工来说有节约材料和能源、效率高、对操作者技术要求不高及通过各种模具应用可以做出机械加工所无法达到的产品这些优点，因而它的用途越来越广泛。

冲压生产主要是针对板材的。通过模具，能做出落料、冲孔、成型、拉深、修整、精冲、整形、铆接及挤压件等，广泛应用于各个领域。如我们用的开关插座、杯子、碗柜、碟子、电脑机箱、甚至导弹飞机……有非常多的配件都可以用冲床通过模具生产出来。

2. 工作原理

冲床的设计原理是将圆周运动转换为直线运动，由主电动机出力，带动飞

图 4-4-2　普通冲床

轮，经离合器带动齿轮、曲轴(或偏心齿轮)、连杆等运转，来达成滑块的直线运动，从主电动机到连杆的运动为圆周运动。

连杆和滑块之间需有圆周运动和直线运动的转接点，其设计上大致有两种机构，一种为球型，一种为销型(圆柱型)，经由这个机构将圆周运动转换成滑块的直线运动。冲床对材料施以压力，使其塑性变形，而得到所要求的形状与精度，因此必须配合一组模具(分上模与下模)，将材料置于其间，由机器施加压力，使其变形，加工时施加于材料之力所造成之反作用力，由冲床机械本体所吸收。

3. 用途及特点

冲床广泛应用于电子、通信、计算机、家用电器、家具、交通工具(汽车、摩托车、自行车)五金零部件等冲压及成型。

(1)高刚性、高精度机架

采用钢板焊接，并经热处理、消除了机身锝内应力以使设备长期稳定工作不变形。结构件负荷均匀，钢性平衡。

(2)稳定的高精度

设备主要部件曲轴、齿轮、传动轴等部位均经硬化热处理后在研磨加工都有很高的耐磨性，长期性能稳定，确保了高精度稳定的要求。

(3)操作性能可靠、安全

之所以操作方便、定位准确是因为采用了区别于传统的刹车器，离合器/刹车器的组合装置具有很高的灵敏度，再加上国际高端设备通用的双联电磁控制阀以及过负荷保护装置，确保了冲床滑块高速运动及停止的精确与安全性。

(4)生产自动化、省力、效率高

冲床可搭配相应的自动送料装置，具有送料出错检测、预裁、预断装置，可完全实现自动化生产，成本低，效率高。

(5)滑块调整机构

滑快调整分为手动调整电动调整，方便可靠、安全、快捷，精度可达 0.1mm。

(6)设计新颖、环保

采用世界上的先进技术以及设计理念，具有低噪音、低能耗、无污染的优点。

4. 分类

(1)依驱动力不同分类

按照驱动力不同，分滑块驱动力可分为机械式与液压式两种，故冲床依其使用之驱动力不同分为：机械式冲床和液压式冲床。

普通钣金冲压加工，大部份使用机械式冲床。液压式冲床依其使用液体不同，有油压式冲床与水压式冲床，使用油压式冲床占多数，水压式冲床则多用于巨型机械或特殊机械。

(2)依滑块运动方式分类

依滑块运动方式分类有单动、复动、三动等冲床。目前使用最多者为一个滑块之单动冲床，复动及三动冲床主要使用在汽车车体及大型加工件的引伸加工，其数量非常少。

(3)依滑块驱动机构分类

①曲轴式冲床：使用曲轴机构的冲床称为曲轴冲床，大部分的机械冲床使用本机构。使用曲轴机构最多的原因是，容易制作、可正确决定行程及滑块活动曲线基本上适用于各种零部件加工。因此，这种型式的冲压适用于冲切、弯曲、拉伸、热间锻造、温间锻造、冷间锻造及其它几乎所有的冲床加工。

②无曲轴式冲床：无曲轴式冲床又称偏心齿轮式冲床。曲轴式冲床与偏心齿轮式冲床两构造之功能的比较，偏心齿轮式冲床构造的轴刚性、润滑、外表、保养等方面优于曲轴构造，缺点则是价格较高。行程较长时，偏心齿轮式冲床较为适用，而如冲切专用机之行程较短的情形时，是曲轴冲床较佳，因此小型机及高速之冲切用冲床等也是曲轴冲床之领域。

③肘节式冲床：在滑块驱动上使用肘节机构者称为肘节式冲床。这种冲床具有在下死点附近的滑块速度会变得非常缓慢(和曲轴冲床衡量)之独到的滑块活动曲线。而且也正确地决定行程之下死点位子，因此，这种冲床适合于压印加工及精整等之压缩加工，当今冷间锻造使用的最多。

④摩擦式冲床：在轨道驱动上使用摩擦传动与螺旋机构的冲床称为摩擦式冲床。这种冲床最适宜锻造、压溃作业，也可用于弯曲、成形、拉伸等加工，具有多种功能，因为价格低廉，曾被广泛使用。因无法决定行程之下端位子、加工精度不佳、生产速度慢、控制操作错误时会建立过负荷、使用上需要熟练的技术等缺点，当今正逐渐的被淘汰。

⑤螺旋式冲床：在滑块驱动机构上使用螺旋机构者称为螺旋式冲床(或螺丝冲床)。

⑥齿条式冲床：在滑块驱动机构上使用齿条与小齿轮机构者称为齿条式冲床。螺旋式冲床与齿条式冲床有几乎等同的特点，其特点与液压冲床之特点大致等同。以前是用于压入衬套、碎屑及其它物品的挤压、榨油、捆包及弹壳之压出（热间之挤薄加工）等，但当今已被液压冲床取代，除非极为特殊的景况之外不再使用。

⑦连杆式冲床：在滑块驱动机构上使用各种连杆机构的冲床称为连杆式冲床。使用连杆机构的目的，在引伸加工时一边将拉伸速度保持于限制之内，一边缩小加工之周期，利用缩减引伸加工之速度变化，加快从上死点至加工开始点之接近行程与从下死点至上死点之复归行程的速度，使其比曲轴冲床具有更短之周期，以提高生产性。这种冲床自古以来就被用于圆筒状容器之深引伸，床台面较窄，而被用于汽车主体面板之加工、床台面较宽。

⑧凸轮式冲床：在滑块驱动机构上使用凸轮机构之冲床称为凸轮冲床。这种冲床的特征是以制作得当的凸轮形状，以便容易地得到所要的滑块活动曲线。但因凸轮机构之性质很难转达较大的力气，所以这种冲床能力很小。

学习任务五　二维工作台的装配与调试

工作任务卡见表 4-5-1。

表 4-5-1　工作任务卡

工作任务	二维工作台的装配与调试
任务描述	主要由滚珠丝杆、直线导轨、台面、垫块、轴承、支座、端盖等组成。分上下两层，上层手动控制，下层由变速箱经齿轮传动控制，实现工作台往返运行，工作台面装有行程开关，实现限位保护功能；能完成直线导轨、滚珠丝杆、二维工作台的装配工艺及精度检测实训
任务要求	使用相关工具、量具，进行二维工作台的组合装配与调试，并达到以下要求： 1. 以底板侧面（磨削面）为基准面 A，使靠近基准面 A 侧的直线导轨与基准面 A 的平行度允差≤0.02mm

续表

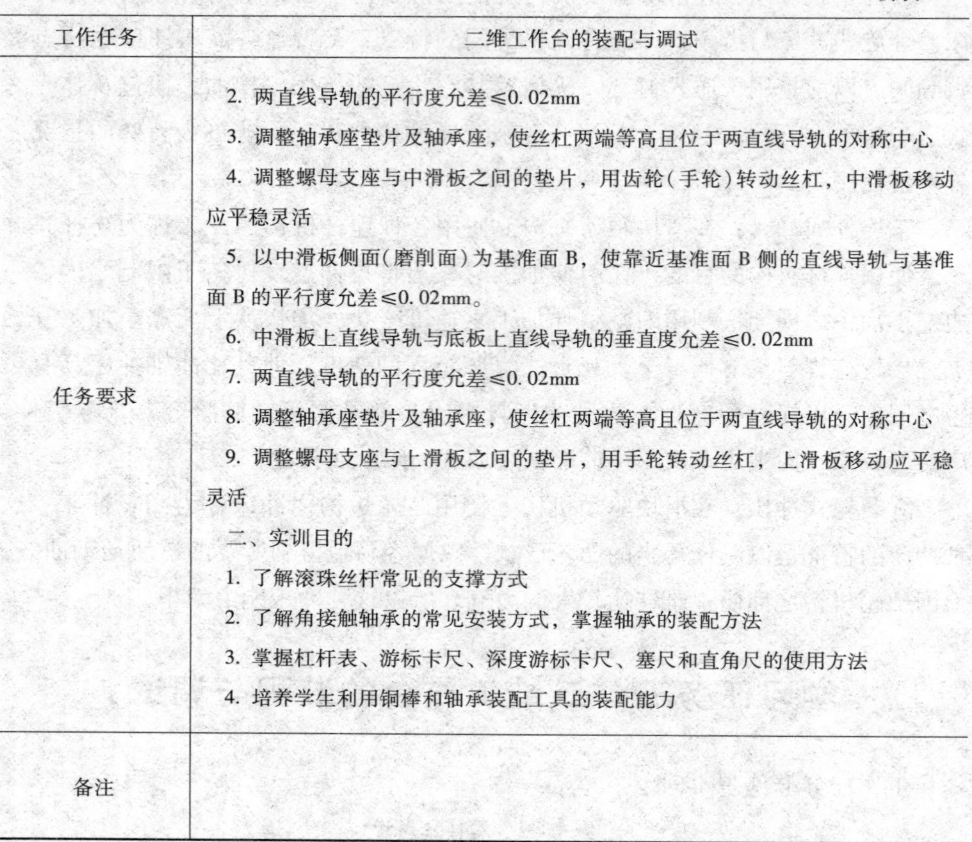

工作任务	二维工作台的装配与调试
任务要求	2. 两直线导轨的平行度允差≤0.02mm 3. 调整轴承座垫片及轴承座，使丝杠两端等高且位于两直线导轨的对称中心 4. 调整螺母支座与中滑板之间的垫片，用齿轮(手轮)转动丝杠，中滑板移动应平稳灵活 5. 以中滑板侧面(磨削面)为基准面B，使靠近基准面B侧的直线导轨与基准面B的平行度允差≤0.02mm。 6. 中滑板上直线导轨与底板上直线导轨的垂直度允差≤0.02mm 7. 两直线导轨的平行度允差≤0.02mm 8. 调整轴承座垫片及轴承座，使丝杠两端等高且位于两直线导轨的对称中心 9. 调整螺母支座与上滑板之间的垫片，用手轮转动丝杠，上滑板移动应平稳灵活 二、实训目的 1. 了解滚珠丝杆常见的支撑方式 2. 了解角接触轴承的常见安装方式，掌握轴承的装配方法 3. 掌握杠杆表、游标卡尺、深度游标卡尺、塞尺和直角尺的使用方法 4. 培养学生利用铜棒和轴承装配工具的装配能力
备注	

一、相关知识点收集

引导问题：在工作任务之前，应了解哪些必备知识？填入表4-5-2。

表4-5-2　知识点收集表

序号	知识点	内容	资料来源	收集人

二、分组讨论

引导问题：

(1) 二维工作台由哪几部分组成？简单描述各个部分的作用。

____

____

(2) 想想滚珠丝杆的装配要点？

____

____

(3) 如果要装配二维工作台需要哪些工具？

____

____

三、制订工作计划

引导问题：为了在短时间获得更多的学习资源以及资源共享，将本次学习任务分为 3 个部分，各部分由 1～2 名同学分别掌握，然后大家分享。为此需要按以下步骤进行。

1. 相关学习资源的收集

收集相关学习资料，并填入表 4-5-3。

表 4-5-3　学习资料收集

班级：　　　　　　　　　　　　　　组别：

序号	知识点	内容	资料来源	收集人
1	二维工作台的组成部分及作用			
2	滚珠丝杆的装配要点			
3	需要的拆装工具			

2. 现场学习与分享

结合二维工作台为本组同学讲解，填入表 4-5-4。

表 4-5-4　现场学习与分享登记表

序号	知识点	讲解人
1	二维工作台的组成部分及作用	
2	滚珠丝杆的装配要点	
3	需要的拆装工具	

3. 二维工作台的装配步骤

二维工作台的装配步骤填入表 4-5-5。

表 4-5-5　二维工作台的装配步骤

步骤	内容	分工	预期成果及检查项目

4. 实训设备、工具

引导问题：这些实训工具、辅料是什么规格？数量各是多少？谁负责领出、保管及归还？并记录在表 4-5-6 中。

表 4-5-6　实训设备、工具使用记录表

序号	名称	型号及规格	数量	备注
1	普通游标卡尺	300mm	1	
2	深度游标卡	300mm	1	
3	零件盒		1	
4	橡皮锤		1	
5	大磁性表座		1	
6	铜棒		1	
7	机械装调技术综合实训装置	THMDZT-1 型	1	
8	轴承装配套筒		1	
9	防锈油		若干	
10	内六角扳手		1	
11	杠杆式百分表	0. 8mm，含小磁性表座	1	
12	塞尺		1	
13	垫片		若干	
14	直角尺		1	

四、执行工作计划

引导问题：如何实施？实施过程中如何组织与协调？谁负责记录？

二维工作台的装配步骤如下。

1. 工作准备

①熟悉图纸和零件清单、装配任务。

②检查文件和零件的完备情况。

③选择合适的工、量具。

④用清洁布清洗零件。

2. 二维工作台的装配步骤（见附图三　二维工作台装配图）

（1）安装直线导轨

①以 30（底板）的侧面（磨削面）为基准面 A，调整 30（底板）的方向，将基准面 A 朝向操作者，以便以此面为基准安装直线导轨。

②将 29（直线导轨 1）中的一根放到 30（底板）上，使导轨的两端靠在 30（底板）上 49（导轨定位基准块）上（如果导轨由于固定孔位限制不能靠在定位基准块上，则在导轨与定位基准块之间增加调整垫片），用 M4 ×16 的内六角螺钉预紧该直线导轨（加弹垫）。

③按照导轨安装孔中心到基准面 A 的距离要求（用深度游标卡尺测量），调整 29（直线导轨 1）与 49（导轨定位基准块）之间的调整垫片使之达到图纸要求。

④将杠杆式百分表吸在直线导轨 1 的滑块上，百分表的测量头接触在基准面 A 上，沿直线导轨 1 滑动滑块，通过橡胶锤调整导轨，同时增减调整垫片的厚度，使得导轨与基准面之间的平行度符合要求，将导轨固定在 30（底板）上，并压紧导轨定位装置。后续的安装工作均以该直线导轨为安装基准（以下称该导轨为基准导轨）。

⑤将另一根 29（直线导轨 1）放到底板上，用内六角螺钉预紧此导轨，用游标卡尺测量两导轨之间的距离，通过调整导轨与导轨定位基准块之间的调整垫片，将两导轨的距离调整到所要求的距离。

⑥以底板上安装好的导轨为基准，将杠杆式百分表吸在基准导轨的滑块上，百分表的测量头接触在另一根导轨的侧面，沿基准导轨滑动滑块，通过橡胶锤调整导轨，同时增减调整垫片的厚度，使得两导轨平行度符合要求，将导轨固定在 30（底板）上，并压紧导轨定位装置。注：直线导轨预紧时，螺钉的尾部应全部陷入沉孔，否则拖动滑块时螺钉尾部与滑块发生摩擦，将导致滑块损坏。

(2)安装丝杠

①用 M6×20 的内六角螺钉(加 ϕ6 平垫片、弹簧垫圈)将 10 螺母支座固定在 13(丝杆 1)的螺母上。

②利用轴承安装工具、铜棒、卡簧钳等工具，将 3(端盖 1)、52(轴承内隔圈)、51(轴承外隔圈)、33(角接触轴承)、39(ϕ15 轴用卡簧)、40(轴承 6202)分别安装在 13(丝杆 1)的相应位置。注：为了控制两角接触轴承的预紧力，轴承及轴承内、外隔圈应经过测量。

③将 26(轴承座 1)和 14(轴承座 2)分别安装在丝杆上，用 M4×10 内六角螺钉将 3(端盖 1)、41(端盖 2)固定。注：通过测量轴承座与端盖之间的间隙，选择相应的调整垫片。

④用 M6×30 内六角螺钉(加 ϕ6 平垫片、弹簧垫圈)将轴承座预紧在底板上。在丝杆主动端安装 53(限位套管)、2(M14×1.5 圆螺母)、1(齿轮)、54(轴端挡圈)、56(M4×10 外六角螺钉)和 31(键 4×4×16)。

⑤分别将丝杆螺母移动到丝杆的两端，用杠杆表判断两轴承座的中心高是否相等。通过在轴承座下加入相应的调整垫片，使两轴承座的中心高相等。

⑥分别将丝杆螺母移动到丝杆的两端，同时将杠杆式百分表吸在 29(直线导轨 1)的滑块上，杠杆式百分表测量头接触在 9(丝杆螺母)上，沿直线导轨滑动滑块，通过橡胶锤调整轴承座，使 13(丝杆 1)与 29(直线导轨 1)平行。

注：滚珠丝杆的螺母禁止旋出丝杆，否则将导致螺母损坏。轴承的安装方向必须正确。

(3)安装中滑板及直线导轨

①将 12(等高块)分别放在 11(直线导轨滑块)上，将 50(中滑板)放在 12(等高块)上(侧面经过磨削的面朝向操作者的左边)，调整滑块的位置。用 M4×70(加 ϕ4 弹簧垫圈)将等高块、中滑板固定在导轨滑块上。

②用 M6×20 内六角螺钉将 50(中滑板)和 10(螺母支座)预紧在一起。用塞尺测量丝杆螺母支座与中滑板之间的间隙大小。

③将 M4×70 的螺钉旋松，选择相应的调整垫片加入丝杆螺母支座与中滑板之间的间隙。

④将中滑板上的 M4×70 的螺栓预紧。用大磁性表座固定 90°角尺，使角尺的一边与 50(中滑板)左侧的基准面紧贴在一起。将杠杆式百分表吸附在底板上的合适位置，百分表触头打在角尺的另一边上，同时将 32(手轮)装在 34(丝杆 2)上面。摇动手轮使中滑板左右移动，观察百分表的的示数是否发生变化。如

果百分表示数不发生变化，则说明中滑板上的导轨与底板的导轨已经垂直。如果百分表示数发生了变化，则用橡胶锤轻轻打击中滑板，使上下两层的导轨保持垂直。

⑤将 44(直线导轨 2)中的一根放到 50(中滑板)上，使导轨的两端靠在 50(中滑板)上 49(导轨定位基准块)上(如果导轨由于固定孔位限制不能靠在定位基准块上，则在导轨与定位基准块之间增加调整垫片)，用 M4 × 16 的内六角螺钉预紧该直线导轨(加弹垫)。

⑥按照导轨安装孔中心到基准面 B 的距离要求(用深度游标卡尺测量)，调整 44(直线导轨 2)与 49(导轨定位基准块)之间的调整垫片使之达到图纸要求。

⑦将杠杆式百分表吸在直线导轨 2 的滑块上，百分表的测量头接触在基准面 B 上，沿直线导轨 2 滑动滑块，通过橡胶锤调整导轨，同时增减调整垫片的厚度，使得导轨与基准面之间的平行度符合要求，将导轨固定在 50(中滑板)上，并压紧导轨定位装置。后续的安装工作均以该直线导轨为安装基准(以下称该导轨为基准导轨)。

⑧将另一根 44(直线导轨 2)放到底板上，用内六角螺钉预紧此导轨，用游标卡尺测量两导轨之间的距离，通过调整导轨与导轨定位基准块之间的调整垫片，将两导轨的距离调整到所要求的距离。

⑨以中滑板上安装好的导轨为基准，将杠杆式百分表吸在基准导轨的滑块上，百分表的测量头接触在另一根导轨的侧面，沿基准导轨滑动滑块，通过橡胶锤调整导轨，同时增减调整垫片的厚度，使得两导轨平行度符合要求，将导轨固定在 50(中滑板)上，并压紧导轨定位装置。注：直线导轨预紧时，螺钉的尾部应全部陷入沉孔，否则拖动滑块时螺钉尾部与滑块发生摩擦，将导致滑块损坏。

(4)安装丝杆

①用 M6 × 20 的内六角螺钉(加 ϕ6 平垫片、弹簧垫圈)将 10 螺母支座固定在 34(丝杆 2)的螺母上。

②利用轴承安装工具、铜棒、卡簧钳等工具，将 3(端盖 1)、52(轴承内隔圈)、51(轴承外隔圈)、33(角接触轴承)、39(ϕ15 轴用卡簧)、40(轴承 6202)分别安装在 13(丝杆 1)的相应位置。注：为了控制两角接触轴承的预紧力，轴承及轴承内、外隔圈应经过测量。

③将 26(轴承座 1)和 14(轴承座 2)分别安装在丝杆上，用 M4 × 10 内六角螺钉将 3(端盖 1)、41(端盖 2)固定。注：通过测量轴承座与端盖之间的间隙，

选择相应的调整垫片。

④用 M6 ×30 内六角螺钉(加 ϕ6 平垫片、弹簧垫圈)将轴承座预紧在中滑板上。在丝杆主动端安装 53(限位套管)、2(M14 ×1.5 圆螺母)、35(手轮)、54(轴端挡圈)、56(M4 ×10 外六角螺钉)和 31(键 4 ×4 ×16)。

⑤分别将丝杆螺母移动到丝杆的两端，用杠杆表判断两轴承座的中心高是否相等。通过在轴承座下加入相应的调整垫片，使两轴承座的中心高相等。

⑥分别将丝杆螺母移动到丝杆的两端，同时将杠杆式百分表吸在 44(直线导轨 2)的滑块上，杠杆式百分表测量头接触在 9(丝杆螺母)上，沿直线导轨滑动滑块，通过橡胶锤调整轴承座，使 34(丝杆 2)与 44(直线导轨 2)平行。

注：滚珠丝杆的螺母禁止旋出丝杆，否则将导致螺母损坏。轴承的安装方向必须正确。

(5)安装上滑板

①将 12(等高块)分别放在 11(直线导轨滑块)上，将 45(中滑板)放在 12(等高块)上(侧面经过磨削的面朝向操作者)，调整滑块的位置。用 M4 ×70(加 ϕ4 弹簧垫圈)将等高块、中滑板固定在导轨滑块上。

②用 M6 ×20 内六角螺钉将 45(上滑板)和 10(螺母支座)预紧在一起。用塞尺测量丝杆螺母支座与上滑板之间的间隙大小。

③将 M4 ×70 的螺钉旋松，选择相应的调整垫片加入丝杆螺母支座与上滑板之间的间隙。

④将上滑板上的 M4 ×70、6X20 螺丝打紧。

3. 注意事项

①实训工作台应放置平稳，平时应注意清洁，长时间不用时最好加涂防锈油。

②实训时长头发学生需戴防护帽，不准将长发露出帽外。除专项规定外，不准穿裙子、高跟鞋、拖鞋、风衣、长大衣等。

③装置运行调试时，不准戴手套、长围巾等，其他佩带饰物不得悬露。

④实训完毕后，及时关闭各电源开关，整理好实训器件放入规定位置。

五、考核与评价

考评各组完成情况。

理论知识主要通过学生作业形式进行个人评价、小组互评和教师评价。实践操作则通过项目任务，根据各同学完成情况进行评价。并填写任务评价记录

表 4-5-7。

表 4-5-7　任务评价记录表

评价项目	评价内容	分值	个人评价	小组评价	教师评价	得分
理论知识	掌握丝杆螺母和滚珠丝杆机构的工作原理、运动特点	35				
实践操作	学会丝杆机构调整工作，学会工作台装调	35				
安全文明	遵守操作规程	5				
	“5S”现场管理（整理、整顿、清扫、清洁、素养）	5				
	职业化素养	5				
学习态度	考勤情况	5				
	遵守纪律	5				
	团队协作	5				
成果分享	不足之处					
	收获之处					
	改进措施					

注：①“个人评价”由小组成员评价。

②“小组评价”由实习指导老师给予评价。

③“教师评价”由任课教师评价。

六、知识拓展

1. 滚珠丝杠

滚珠丝杠是工具机械和精密机械上经常使用的传动元件，其主要功能是将旋转运动转换成线性运动，或将扭矩转换成轴向反复作用力，同时兼具高精度、可逆性和高效率的特点。由于具有很小的摩擦阻力，滚珠丝杠被广泛应用于各种工业设备和精密仪器。

滚珠丝杠由螺杆、螺母、钢球、预压片、反向器、防尘器组成。它的功能是将旋转运动转化成直线运动，这是艾克姆螺杆的进一步延伸和发展，其重要意义就是将轴承从滑动动作变成滚动动作。

2. 原理

（1）按照国标 GB/T 17587. 3—1998 及应用实例，滚珠丝杠（已基本取代梯形丝杆，俗称丝杆）是用来将旋转运动转化为直线运动；或将直线运动转化为旋转运动的执行元件，并具有传动效率高，定位准确等。

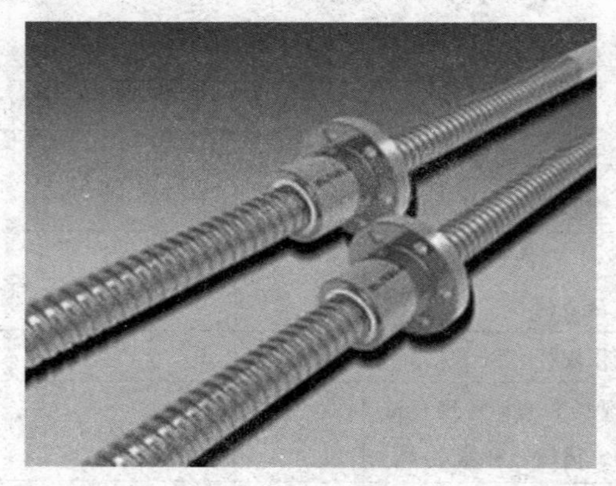

图 4-5-1　滚珠丝杠

(2)当滚珠丝杠(图 4-5-1)作为主动体时，螺母就会随丝杆的转动角度按照对应规格的导程转化成直线运动，被动工件可以通过螺母座和螺母连接，从而实现对应的直线运动。

3. 用途

滚珠丝杠轴承(图 4-5-2)为适应各种用途，提供了标准化、种类繁多的产品，广泛应用于机床。滚珠的循环方式有循环导管式、循环器式、端盖式。预压方式有定位预压(双螺母方式、位预压方式)、定压预压。

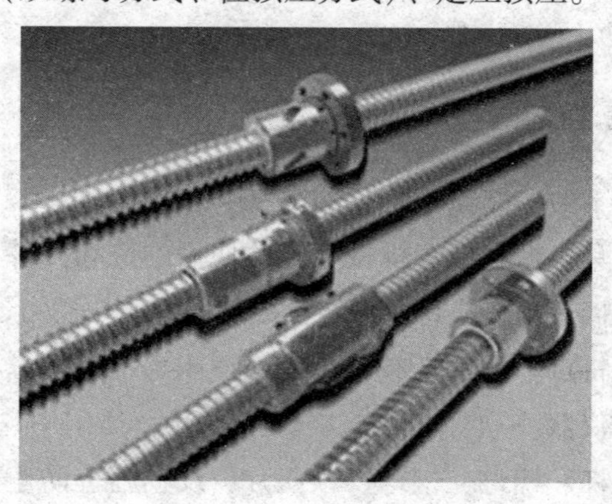

图 4-5-2　滚珠丝杠

可根据用途选择适当类型。丝杆有高精度研磨加工的精密滚珠丝杠(精度分为从 CO ~ C7 的 6 个等级)和经高精度冷轧加工成型的冷轧滚珠丝杠轴承(精度分为从 C7 ~ C10 的 3 个等级)。另外，为应付用户急需交货的情况，还有已对轴端部进行了加工的成品，可自由对轴端部进行追加工的半成品及冷轧滚珠丝

杠轴承。作为此轴承的周边零部件，在使用所必要的丝杠支撑单元、螺母支座、锁紧螺母等也已被标准化了，可供用户选择使用。

4. 应用

超高 DN 值(遥感影像像元亮度值)滚珠丝杠：高速工具机，高速综合加工中心机。

端盖式滚珠丝杠：快速搬运系统，一般产业机械，自动化机械。

高速化滚珠丝杠：CNC(数控机床)机械、精密工具机、产业机械、电子机械、高速化机械。

精密研磨级滚珠丝杠：CNC(数控机床)机械，精密工具机，产业机械，电子机械，输送机械，航天工业，其它天线使用的致动器、阀门开关装置等。

螺帽旋转式(R1)系列滚珠丝杠：半导体机械、产业用机器人、木工机、雷射加工机、搬送装置等。

轧制级滚珠丝杠：低摩擦、运转顺畅的优点，同时供货迅速且价格低廉。

重负荷滚珠丝杠：全电式射出成形机、冲压机、半导体制造装置、重负荷制动器、产业机械、锻压机械。

5. 类型

常用的循环方式有两种：外循环和内循环。滚珠在循环过程中有时与丝杠脱离接触的称为外循环；始终与丝杠保持接触的称为内循环。滚珠每一个循环闭路称为列，每个滚珠循环闭路内所含导程数称为圈数。内循环滚珠丝杠副的每个螺母有 2 列、3 列、4 列、5 列等几种，每列只有一圈；外循环每列有 1. 5 圈、2. 5 圈和 3. 5 圈等几种。

①外循环：外循环是滚珠在循环过程结束后通过螺母外表面的螺旋槽或插管返回丝杠螺母间重新进入循环。外循环滚珠丝杠螺母副按滚珠循环时的返回方式主要有端盖式、插管式和螺旋槽式。常用外循环方式端盖式、插管式、螺旋槽式。端盖式，在螺母上加工一纵向孔，作为滚珠的回程通道，螺母两端的盖板上开有滚珠的回程口，滚珠由此进入回程管，形成循环。插管式，它用弯管作为返回管道，这种结构工艺性好，但是由于管道突出螺母体外，径向尺寸较大。螺旋槽式，它是在螺母外圆上铣出螺旋槽，槽的两端钻出通孔并与螺纹滚道相切，形成返回通道，这种结构比插管式结构径向尺寸小，但制造较复杂。外循环滚珠丝杠外循环结构和制造工艺简单，使用广泛。其缺点是滚道接缝处很难做得平滑，影响滚珠滚道的平稳性。

②内循环：内循环均采用反向器实现滚珠循环，反向器有两种类型。圆柱

凸键反向器，它的圆柱部分嵌入螺母内，端部开有反向槽2。反向槽靠圆柱外圆面及其上端的圆键1定位，以保证对准螺纹滚道方向。扁圆镶块反向器，反向器为一般圆头平键镶块，镶块嵌入螺母的切槽中，其端部开有反向槽3，用镶块的外轮廓定位。两种反向器比较，后者尺寸较小，从而减小了螺母的径向尺寸及缩短了轴向尺寸。但这种反向器的外轮廓和螺母上的切槽尺寸精度要求较高。

6. 特点

①摩擦损失小、传动效率高：由于滚珠丝杠副的丝杠轴与丝杠螺母之间有很多滚珠在做滚动运动，所以能得到较高的运动效率。与过去的滑动丝杠副相比驱动力矩达到1/3以下，即达到同样运动结果所需的动力为使用滑动丝杠副的1/3。在省电方面很有帮助。

②精度高：滚珠丝杠副一般是用世界最高水平的机械设备连贯生产出来的，特别是在研削、组装、检查各工序的工厂环境方面，对温度、湿度进行了严格的控制，由于完善的品质管理体制使精度得以充分保证。

③高速进给和微进给可能：滚珠丝杠副由于是利用滚珠运动，所以启动力矩极小，不会出现滑动运动那样的爬行现象，能保证实现精确的微进给。

④轴向刚度高：滚珠丝杠副可以加予预压。由于预压力可使轴向间隙达到负值，进而得到较高的刚性(滚珠丝杠内通过给滚珠加予压力，在实际用于机械装置等时，由于滚珠的斥力可使丝母部的刚性增强)。

⑤不能自锁、具有传动的可逆性。

7. 滚珠丝杠的保护

滚珠丝杠副可用润滑剂来提高耐磨性及传动效率。润滑剂分为润滑油及润滑脂两大类。润滑油用机油，90~180号透平油或140号主轴油；润滑脂可采用锂基油脂。润滑脂加在螺纹滚道和安装螺母的壳体空间内，而润滑油通过壳体上的油孔注入螺母空间内。

滚珠丝杠副和其它滚动摩擦的传动元件，只要避免磨料微粒及化学活性物质进入，就可以认为这些元件几乎是在不产生磨损的情况下工作的。但如果在滚道上落入脏物，或使用肮脏的润滑油，不仅会妨碍滚珠的正常运转，而且使磨损急剧增加。

通常采用毛毡圈对螺母副进行密封，毛毡圈的厚度为螺距的2~3倍，而且内孔做成螺纹的形状，使之紧密地包住丝杠，并装入螺母或套筒两端的槽孔内。密封圈除了采用柔软的毛毡之外，还可以采用耐油橡胶或尼龙材料。由于密封圈和丝杠直接接触，因此防尘效果较好，但也增加了滚珠丝杠螺母副的摩擦阻

力矩。为了避免这种摩擦阻力矩，可以采用由较硬塑料制成的非接触式迷宫密封圈，内孔做成与丝杠螺纹滚道相反的形状，并留有一定的间隙。

对于暴露在外面的丝杠，一般采用螺旋刚带、伸缩套筒、锥形套筒以及折叠式塑料或人造革等形式的防护罩，以防止尘埃和磨粒粘附到丝杠表面。除与导轨的防护罩相似外，这几种防护罩一端连接在滚珠螺母的端面，另一端固定在滚珠丝杠的支承座上。这样就可以更加牢固了。

8. 主要参数

螺纹的主要参数

①外径 d(大径)(D)：与外螺纹牙顶相重合的假想圆柱面直径——亦称公称直径

②内径 d_1(小径)(D_1)：与外螺纹牙底相重合的假想圆柱面直径，在强度计算中作危险剖面的计算直径。

③中径 d_2：在轴向剖面内牙厚与牙间宽相等处的假想圆柱面的直径，近似等于螺纹的平均直径 $d_2 \approx 0.5(d+d_1)$。

④螺距 P：相邻两牙在中径圆柱面的母线上对应两点间的轴向距离

⑤导程(S)：同一螺旋线上相邻两牙在中径圆柱面的母线上的对应两点间的轴向距离

⑥线数 n：螺纹螺旋线数目，一般为便于制造 $n \leqslant 4$ 螺距、导程、线数之间关系：$S=nP$

⑦螺旋升角 ψ：在中径圆柱面上螺旋线的切线与垂直于螺旋线轴线的平面的夹角。

⑧牙型角 α：螺纹轴向平面内螺纹牙型两侧边的夹角。

⑨牙型斜角 β：螺纹牙型的侧边与螺纹轴线的垂直平面的夹角。对称牙型

各种螺纹(除矩形螺纹)的主要几何尺寸可查阅有关标准：公称尺寸为螺纹外径对管螺纹近似等于管子的内径。

螺旋副的自锁条件为：螺纹升角小于或等于螺旋副的当量摩擦角。

螺旋副的传动效率为：螺母旋转一周时，有效功与输入功的比值。

9. 检测与维修

滚珠丝杠所产生故障是多种多样的，没有固定的模式。有的故障是渐发性故障，要有一个发展的过程，随着使用时间的增加越来越严重；有时是突发性故障，一般没有明显的征兆，而突然发生，这种故障是各种不利因素及外界共同作用而产生的。所以通过正确的检测来确定真正的故障原因，是快速准确维

修的前提。

(1)滚珠丝杠螺母副及支撑系统间隙的检测与修理

当数控机床出现反向误差大、定位精度不稳定、过象限出现刀痕时，首先要检测丝杠系统有没有间隙。检测的方法有：用百分表配合钢球放在丝杠的一端中心孔中，测量丝杠的轴向窜动，另一块百分表测量工作台移动。正反转动丝杠，观察两块百分表上反映的数值，根据数值不同的变化确认故障部位。

①丝杠支撑轴承间隙的检测与修理：如测量丝杠的百分表在丝杠正反向转动时指针没有摆动，说明丝杠没有窜动。如百分表指针摆动，说明丝杠有窜动现象。该百分表最大与最小测量值之差就是丝杠的轴向窜动的距离。这时，我们就要检查支撑轴承的背帽是否锁紧、支撑轴承是否已磨损失效、预加负荷轴承垫圈是否合适。如果轴承没有问题，只要重新配做预加负荷垫圈就可以了。如果轴承损坏，需要把轴承更换掉，重新配做预加负荷垫圈，再把背帽背紧。丝杠轴向窜动大小主要在于支撑轴承预加负荷垫圈的精度。丝杠安装精度最理想的状态是没有正反间隙，支撑轴承还要有0.02mm左右的过盈。

②滚珠丝杠双螺母副产生间隙的检测与维修：通过检测，如果确认故障不是由于丝杠窜动引起的。那就要考虑是否是丝杠螺母副之间产生了间隙，这种情况的检测方法基本与检测丝杠窜动相同。用百分表测量与螺母相连的工作台上，正反向转动丝杠，检测出丝杠与螺母之间的最大间隙，然后进行调整。

调整垫片的厚度，使左右两螺母产生轴向位移，从而消除滚珠丝杠螺母副间隙和产生预紧力。因丝杠螺母副的结构不同，所以调整方法也不同，这里不一一列举。

③单螺母副的检测与维修：对于单螺母滚珠丝杠，丝杠螺母副之间的间隙是不能调整的。如检测出丝杠螺母副存在间隙，首先检查丝杠和螺母的螺纹圆弧是否已经磨损，如磨损严重，必须更换全套丝杠螺母。

如检查磨损轻微，就可以更换更大直径的滚珠来修复。检测出丝杠螺母副的最大间隙，换算成滚珠直径的增加，然后选配合适的滚珠重新装配。这样的维修比较复杂，所需时间长，要求技术水平高。

④螺母法兰盘与工作台连接没有固定好而产生的间隙：这个问题一般容易被人忽视，因机床长期往复运动，固定法兰盘的螺钉松动产生间隙，在检查丝杠螺母间隙时最好把该故障因素先排除，以免在修理时走弯路。

⑤滚珠丝杠螺母副运动不平稳、噪声过大等故障的维修。

滚珠丝杠螺母副运动不平稳和噪声过大，大部分是由于润滑不良造成的，

但有时也可能因伺服电机驱动参数未调整好造成的。

(2)轴承、丝杠螺母副润滑不良

机床在工作中如产生噪声和振动，在检测机械传动部分没有问题后，首先要考虑到润滑不良的问题。很多机床经过多年的运转，丝杠螺母自动润滑系统往往堵塞，不能自动润滑。可以在轴承、螺母中加入耐高温、耐高速的润滑脂就可以解决问题。润滑脂能保证轴承、螺母正常运行数年之久。

(3)伺服电机驱动问题

有的机床在运动中产生振动和爬行，往往检测机械部分均无问题，不管怎样调整都不能消除振动和爬行。经仔细检查，问题出在伺服电机驱动增益参数不适合实际运行状况。调整增益参数后，就可消除振动和爬行。

学习任务六 机械系统的运行与调整

机械系统的运行与调整工作任务卡见表 4-6-1。

表 4-6-1 工作任务卡

工作任务	机械系统的运行与调整
任务描述	齿轮减速口 电动机 自动冲床机构 间隙回转工作 变速箱 二维工作台 此任务培养学生系统运行与调整能力，通过系统装配总图，能够清楚每个模块之间的装配关系以及系统各个部件的运行原理和组成功能，理解图纸中的技术要求，掌握系统运行与调整的方法 本任务是对实训装置进行调整并运行，通过学习可以掌握带传动、齿轮传动带的调整方法，了解系统各个部件的运行原理和组成功能，掌握系统调试方法，掌握系统运行与调整过程中常见故障、分析及处理能力
任务要求	1. 根据总装图装配图，使用相关工具、量具，进行机械系统的运行与调整，并达到以下要求： ①完成相关机械传动部件的安装与调整； ②连接好相关实训导线，完成电气部分线路连接，并通电调试，使设备运行正常

续表

工作任务	机械系统的运行与调整
任务要求	2. 实训目的 ①培养学生系统运行与调整能力，通过系统装配总图，能够清楚每个模块之间的装配关系以及系统各个部件的的运行原理和组成功能，理解图纸中的技术要求，掌握系统运行与调整的方法 ②能够根据机械系统运行的技术要求，确定装配工艺顺序的能力 ③培养学生在进行系统运行与调整过程中，对常见故障的判断、分析及处理的能力
备注	

一、相关知识点收集

引导问题：在工作任务之前，应了解哪些必备知识？填入表4-6-2。

表4-6-2　知识点收集

序号	知识点	内容	资料来源	收集人

二、分组讨论

引导问题：

(1)此机械系统由哪几部分组成？简单描述各个部分的作用。

____

____

(2)想想总装装配配要点？

____

____

(3)机械系统运行与调整需要哪些工具？

____

____

三、制订工作计划

引导问题：为了在短时间获得更多的学习资源以及资源共享，将本次学习任务分为 3 个部分，各部分由 1 ~ 2 名同学分别掌握，然后大家分享。为此需要按以下步骤进行。

1. 相关学习资源的收集

收集相关学习资料，并填写在表 4-6-3 中。

表 4-6-3　学习资料的收集

班级：　　　　　　　　　　　　　　组别：

序号	知识点	内容	资料来源	收集人
1	此机械系统由哪几部分组成			
2	总装装配配要点			
3	需要的工具			

2. 现场学习与分享

结合机械系统为本组同学讲解，填入表 4-6-4。

表 4-6-4　现场学习与分享登记表

序号	知识点	讲解人
1	此机械系统由哪几部分组成	
2	总装装配配要点	
3	需要的工具	

3. 机械系统的装配步骤

机械系统的装配步骤方法，填入表 4-6-5。

表 4-6-5　机械系统的装配步骤

步骤	内容	分工	预期成果及检查项目

4. 实训设备、工具

引导问题：这些实训工具、辅料是什么规格？数量各是多少？谁负责领出、保管及归还？并记录在表 4-6-6 中。

表 4-6-6　实训设备、工具使用记录表

序号	名称	型号及规格	数量	备注
1	机械装调技术综合实训装置	THMDZT-1 型	1	
2	内六角扳手		1	
3	带三芯蓝插头的电源线		1	

四、执行工作计划

引导问题：如何实施？实施过程中如何组织与协调？谁负责记录？

机械系统的装配步骤如下。

1. 检查

根据项目七完成机械传动部件的安装与调整，检查同步带、链条是否安装正确，并确认在手动状态下能够运行，各个部件运转正常，并且将二维工作台运行到中间位置。

2. 电气控制部分运行与调试

(1)电源控制箱

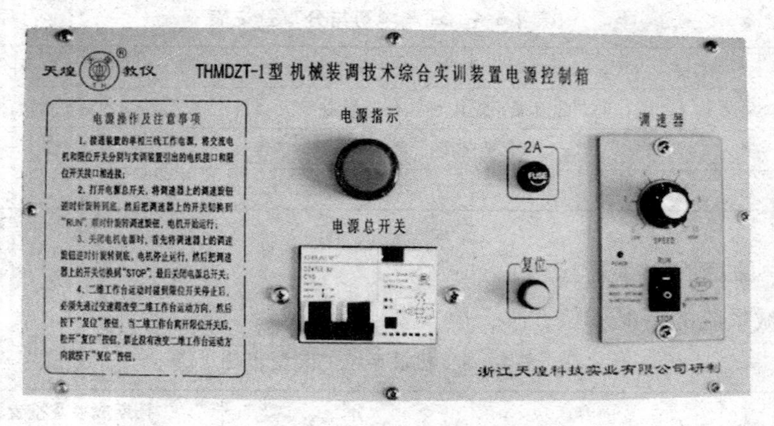

图 4-6-1　电源控制箱面板

检查面板(图 4-6-1)上“2A”保险丝是否安装好，保险丝座内的保险丝是否和面板上标注的规格相同，不同则更换保险丝，用万用表(自备)测量保险丝是否完好，检查完毕后装好保险丝，旋紧保险丝帽。用带三芯蓝插头的电源线接通控制屏的电源(单相三线 AC220V ± 10% 50Hz)，将带三芯开尔文插头的限位开关连接线接入限位开关接口上，旋紧连接螺母，保证连接可靠，并且将带五芯开尔文插头的电机电源线接入“电机接口”上，旋紧连接螺母，保证连接可靠。打开电源总开关，此时电源指示红灯亮，并且调速器的“power”指示灯也同

时点亮。此时通电完毕，经指导教师确认后方可进行下一步操作。

(2)电源控制接口

电源控制接口主要分为限位开关接口、电源接口、电机接口，如图 4-6-2。

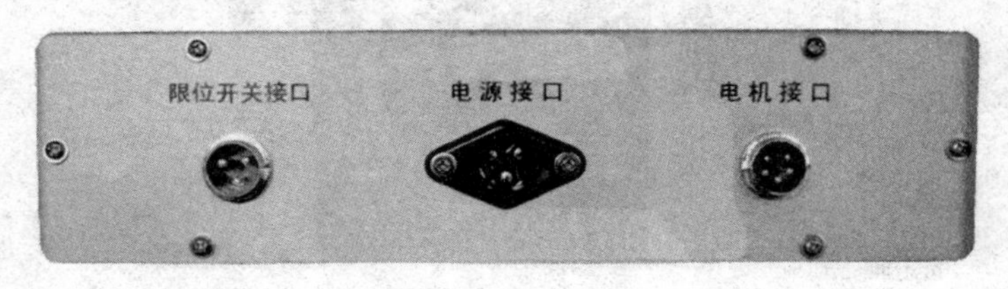

图 4-6-2　电源控制接口

注意：在连接上述三个接线插头时，请注意插头的小缺口方向要与插座凸出部分对应。

在指导教师确认后，将"调速器"的小黑开关打在"RUN"的状态，顺时针旋转调速旋钮，电机转速逐渐增加，调到一定转速时，观察机械系统运行情况(转速可根据教师自行指导安排或根据实际情况定)。

电源操作及注意事项：接通装置的单相三线工作电源，将交流电机和限位开关分别与实训装置引出的电机接口和限位开关接口相连接；打开电源总开关，将调速器上的调速旋钮逆时针旋转到底，然后把调速器上的开关切换到"RUN"，顺时针旋转调速旋钮，电机开始运行；关闭电机电源时，首先将调速器上的调速旋钮逆时针旋转到底，电机停止运行，然后把调速器上的开关切换到"STOP"，最后关闭电源总开关。二维工作台运动时碰到限位开关停止后，必须先通过变速箱改变二维工作台运动方向，然后按下面板上"复位"按钮，当二维工作台离开限位开关后，松开"复位"按钮。禁止没有改变二维工作台运动方向就按下面板上"复位"按钮。

3. 机械系统运行与调试

电气系统接入并通电完毕后，根据实训指导教师要求对机械系统运行进行相关调整。

4. 机械系统的调整

①电机转速的调整：通过调节电源控制箱上的"调速器"，顺时针旋转，转速增加，逆时针旋转，转速降低，指导教师可根据教学需求调节电机的输出转速；

②变速箱输出轴一的转速调整(图 4-6-3)：

输出轴一的转速调整分别为(从左至右)中速、低速、高速，即当拨动滑块一的滑移齿轮组分别和输入轴的齿轮啮合时。

变速箱输出轴二的转速调整：出轴二的转速调整分别为(从左至右)中速横

图 4-6-3　变速箱输出轴

向移动(右行)、向左方横向移动、低速横向移动(右行)、高速横向移动(右行)，即当拨动滑块二的滑移齿轮组分别和输入轴的齿轮啮合时。

5. 机械系统运行与调整流程图(图 4-6-4)

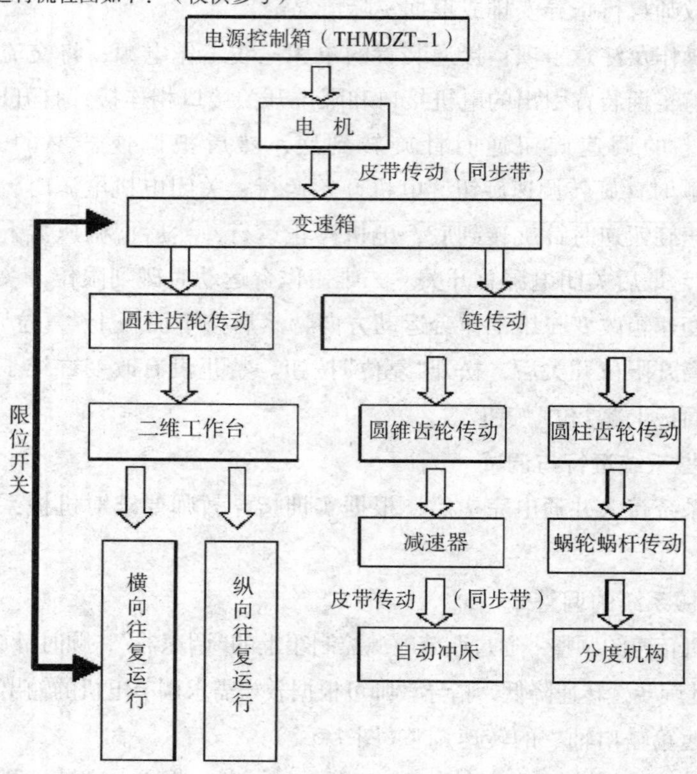

图 4-6-4　机械系统运行与调整流程图

指导教师可根据本流程图指导学生完成系统运行。

本实训装置机械系统部分的运行，提供多种运行方式；可选择整机运行，也可实现不同的模块之间的运行，更希望学生能够独立自主完成设计流程图，自行完成系统运行。

6. 注意事项

①实训工作台应放置平稳，平时应注意清洁，长时间不用时最好加涂防锈油。

②实训时长头发学生需戴防护帽，不准将长发露出帽外。除专项规定外，不准穿裙子、高跟鞋、拖鞋、风衣、长大衣等。

③装置运行调试时，不准戴手套、长围巾等，其他佩带饰物不得悬露。

④实训完毕后，及时关闭各电源开关，整理好实训器件放入规定位置。

五、考核与评价

考评各组完成情况。

理论知识主要通过学生作业形式进行个人评价、小组互评和教师评价。实践操作则通过项目任务，根据各同学完成情况进行评价。并填写任务评价记录表 4-6-7。

表 4-6-7　任务评价记录表

评价项目	评价内容	分值	个人评价	小组评价	教师评价	得分
理论知识	能对装配图进行分析；了解零件之间关系；熟悉零件拆装工具	35				
实践操作	掌握系统运行与调整过程中常见故障的判断、分析及处理能力	20				
	学会零件检测方法	15				
安全文明	遵守操作规程	5				
	“5S”现场管理（整理、整顿、清扫、清洁、素养）	5				
	职业化素养	5				
学习态度	考勤情况	5				
	遵守纪律	5				
	团队协作	5				

续表

评价项目	评价内容	分值	个人评价	小组评价	教师评价	得分
成果分享	不足之处					
	收获之处					
	改进措施					

注：①“个人评价”由小组成员评价。

②“小组评价”由实习指导老师给予评价。

③“教师评价”由任课教师评价。

附录　THMDZT-1型机械装调技术综合实训装置图

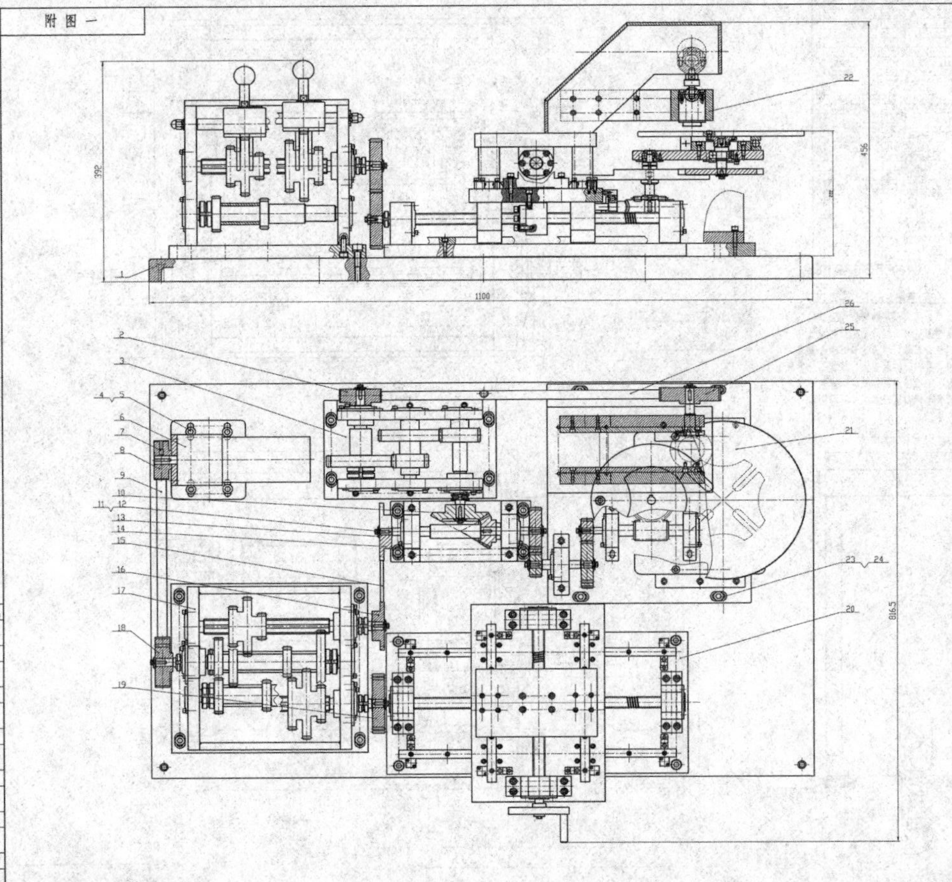

附图一

技术要求：

1. 装配前，全部零件用煤油或柴油清洗；
2. 整机装配好后应转动平稳轻巧，不允许有卡阻爬行现象；
3. 装配过程不要划伤工件表面，整体完好；
4. 再整机装配好后，部件及零件应做防锈处理。

序号	代号	名称	数量	材料	单件质量	总计质量	备注
26		同步带（二）	1				580XL 075
25	THMDZT-1.0J-4	同步带轮（四）	1				60XL075BF
24		不锈钢Ø10弹垫	26				
23		M10X30不锈钢内六角螺钉	22				
22	THMDZT-1.6	自动冲床	1				
21	THMDZT-1.3	分度转盘部件	2				
20	THMDZT-1.2	二维工作台	1				
19	THMDZT-1.2J-15	小齿轮（三）	1	45#			Z=36 M=2.5
18	THMDZT-1.0J-3	同步带轮（三）	1				50XL075BF
17	THMDZT-1.1	变速箱	1				
16	THMDZT-1.3J-1	08B20链轮	1				外购
15		链条	1				外购
14	THMDZT-1.3J-2	08B24链轮	1				外购
13		轴端挡圈	14				
12		M4X10外六角不锈钢螺栓	14				
11		Ø4弹垫	14				
10	THMDZT-1.3J-25	锥齿轮（二）	1	45#			Z=48 M=2
9		同步带（一）	1				372XL 075
8	THMDZT-1.0J-1	同步带轮（一）	1				40XL075BF
7		M6X16普通内六角锥端紧定螺钉	1				
6		主动电机	1				外购
5		M10X20不锈钢内六角螺钉	4				
4		不锈钢Ø10平垫	4				
3	THMDZT-1.4	齿轮减速器	1				
2	THMDZT-1.0J-2	同步带轮（二）	1				40XL075BF
1	THMDZT-1.0J-1	底座	1	HT200			

THMDZT-1型 机械装调技术综合实训装置

浙江天煌科技实业有限公司

总装图

THMDZT-1

借(通)用件登记

描图

描校

旧底图总号

底图总号

签字

日期

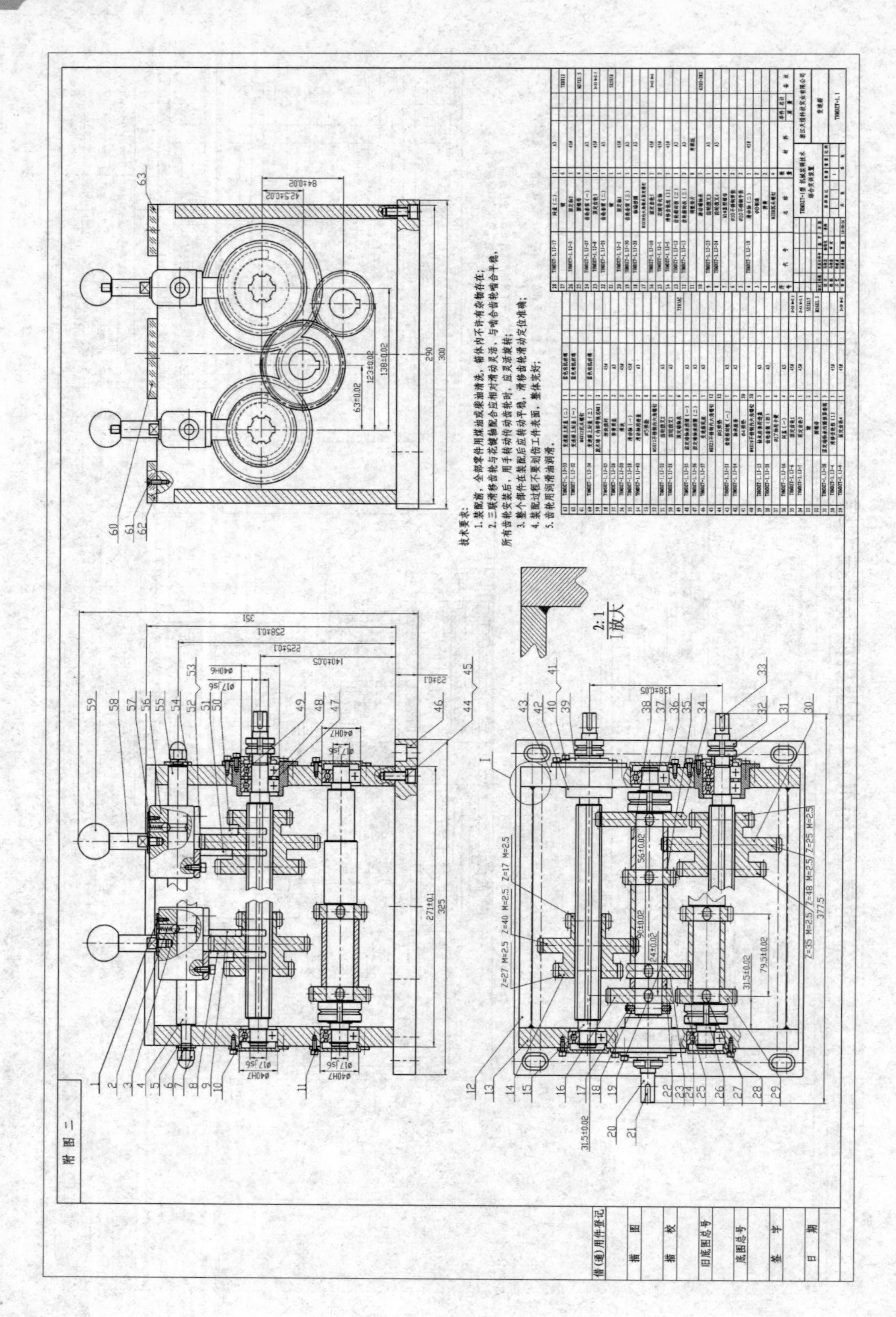
附图二
技术要求
2:1
I放大
借(通)用件登记
描图
描校
旧底图总号
底图总号
签字
日期

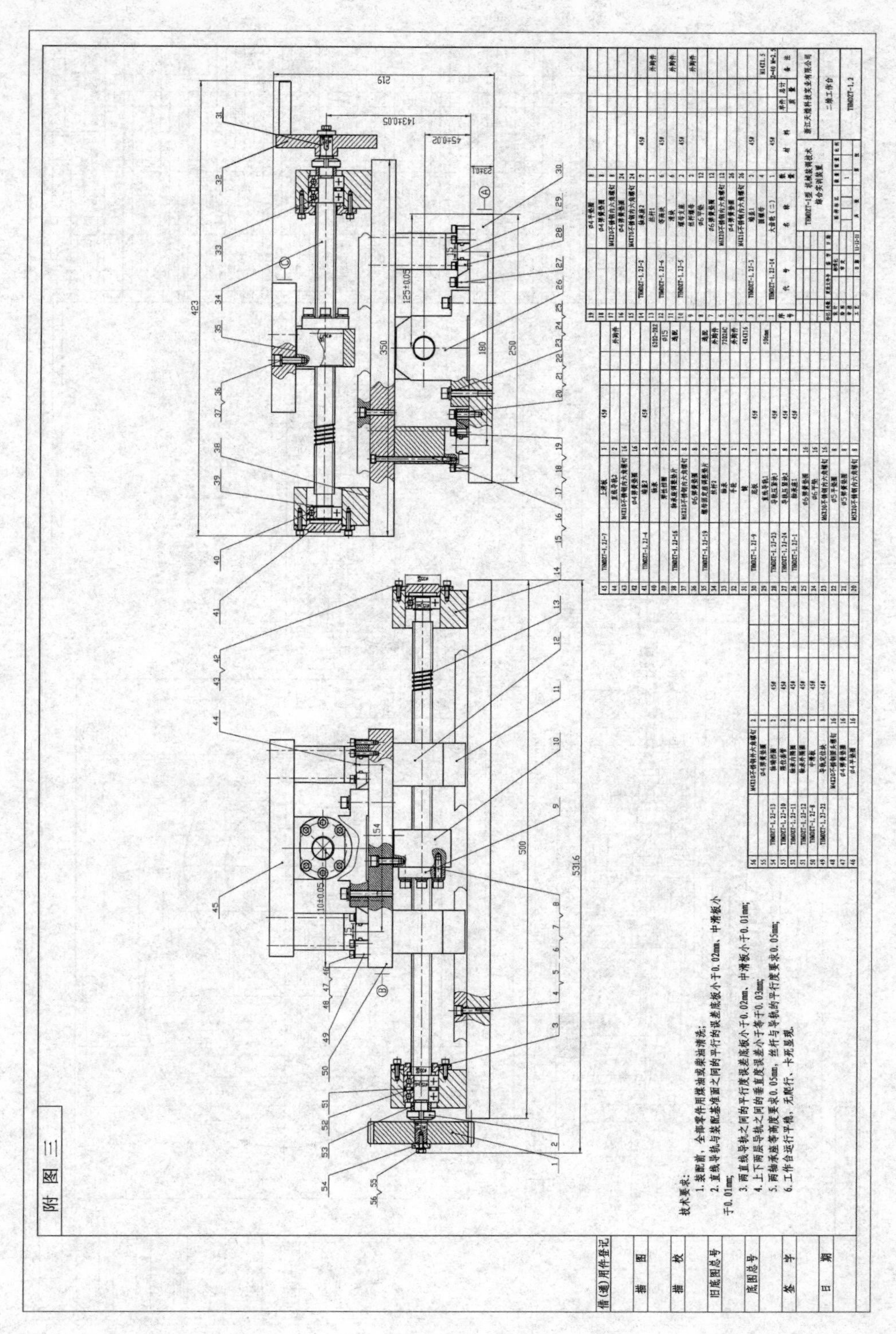

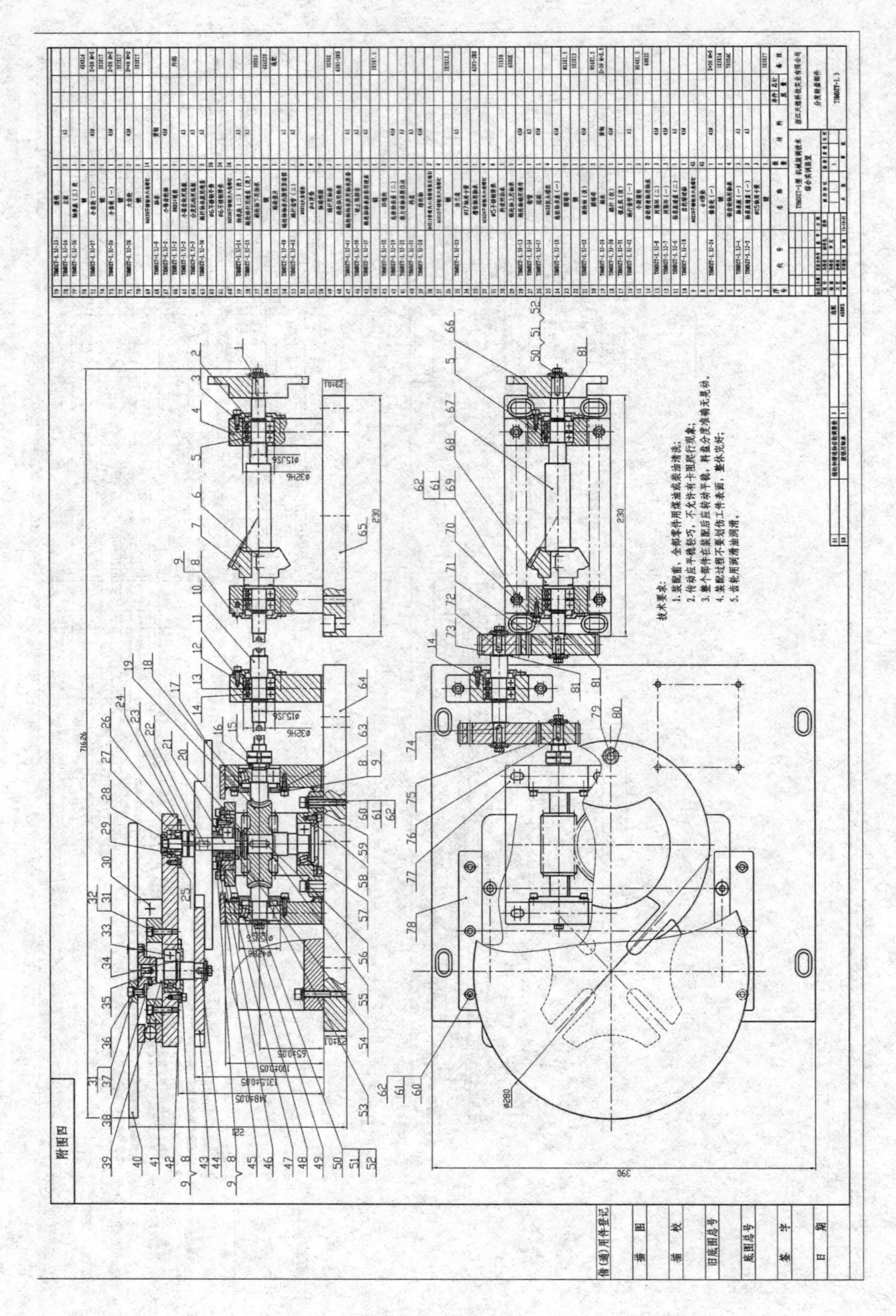

附图四
技术要求
716.26
230
390
ø280
ø32H6
ø15JS6

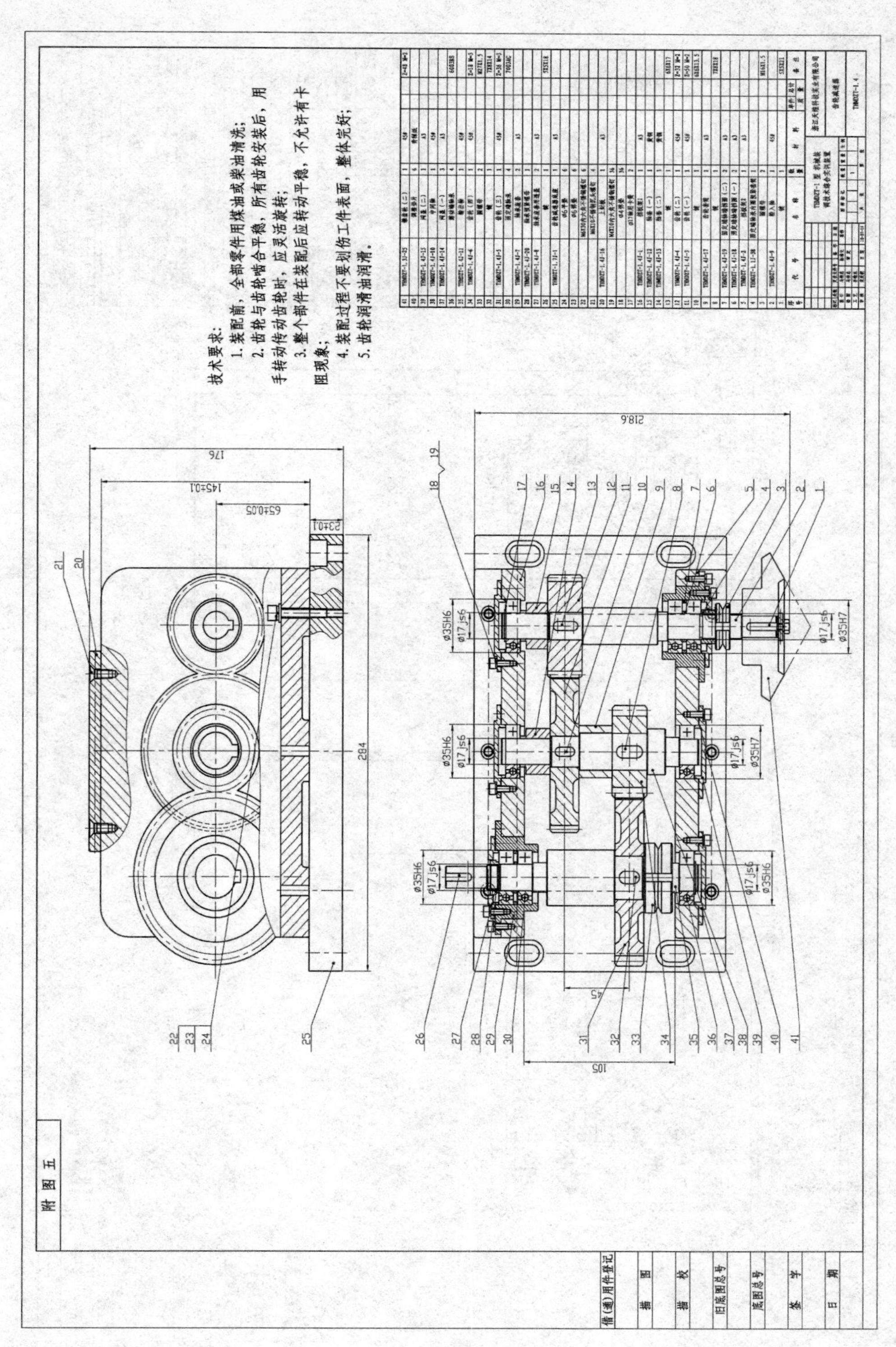
附图五
技术要求：
1. 装配前，全部零件用煤油或柴油清洗；
2. 齿轮与齿轮啮合平稳，所有齿轮安装后，用手转动传动齿轮时，应灵活旋转；
3. 整个部件在装配后应转动平稳，不允许有卡阻现象；
4. 装配过程不要划伤工件表面，整体完好；
5. 齿轮润滑油润滑。
176
145±0.1
65±0.05
23±0.1
284
218.6
105
45
ø35H6
ø17js6
ø35H7
借(通)用件登记
描图
描校
旧底图总号
底图总号
签字
日期

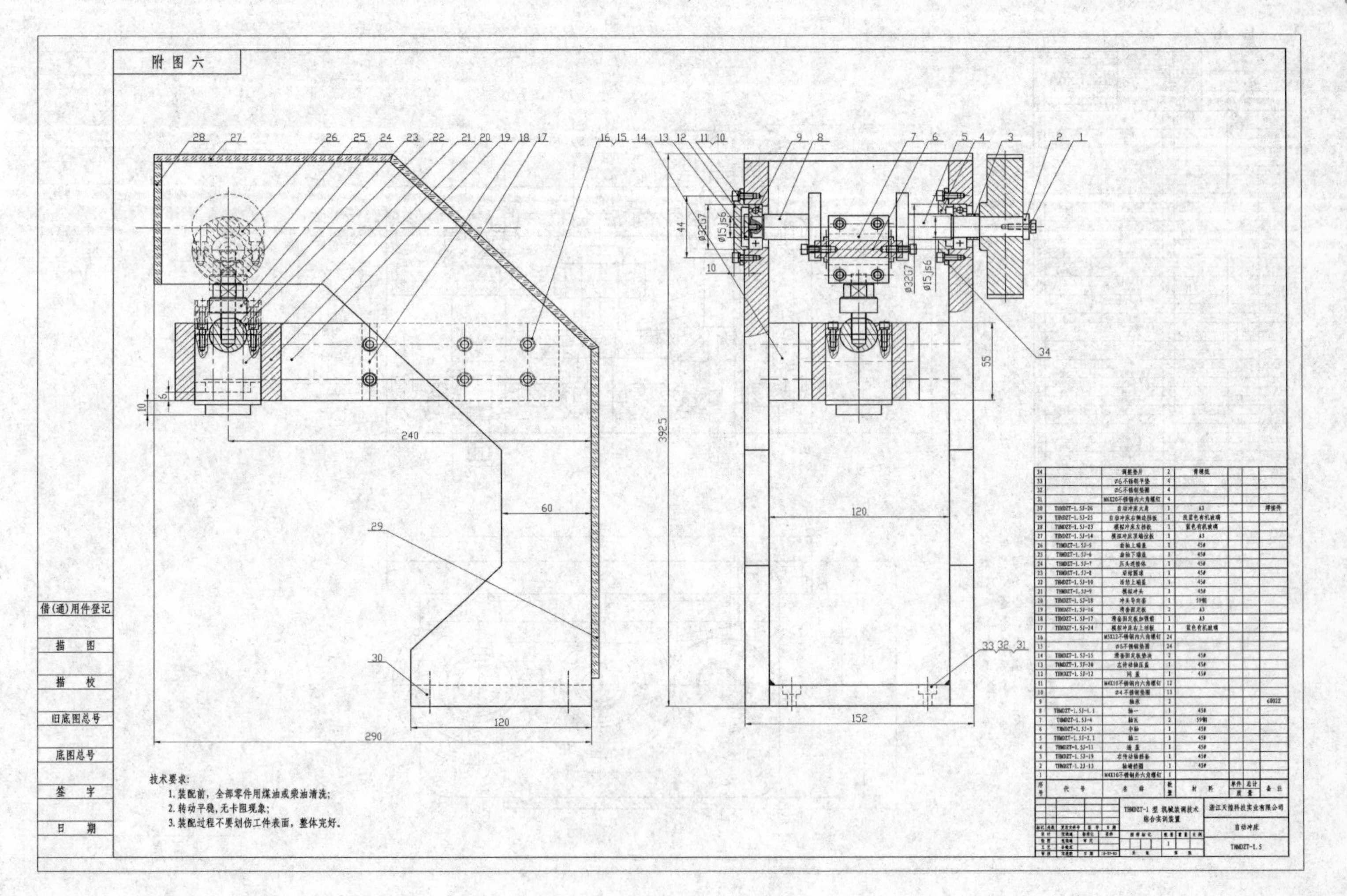
附图六
借(通)用件登记
描 图
描 校
旧底图总号
底图总号
签 字
日 期
技术要求:
1.装配前，全部零件用煤油或柴油清洗;
2.转动平稳，无卡阻现象;
3.装配过程不要划伤工件表面，整体完好。
THMDZT-1 型 机械装调技术综合实训装置
浙江天煌科技实业有限公司
自动冲床
THMDZT-1.5